U0179379

酱香之魂 第二部

——历久弥香酒更浓

陈孟强◎主编

中国商业出版社

图书在版编目（CIP）数据

酱香之魂：历久弥香酒更浓．第二部 / 陈孟强主编．
-- 北京：中国商业出版社，2020.10
ISBN 978-7-5208-1262-7

Ⅰ．①酱⋯ Ⅱ．①陈⋯ Ⅲ．①酱香型白酒—酒文化—中国—文集 Ⅳ．① TS971.22-53

中国版本图书馆 CIP 数据核字 (2020) 第 172516 号

责任编辑：侯　静　杜　辉

中国商业出版社出版发行
（100053 北京广安门内报国寺 1 号）
010-63180647　www.c-cbook.com
新华书店经销
三河市国新印装有限公司印刷
*
710 毫米 ×1000 毫米　16 开　13.5 印张　195 千字
2020 年 10 月第 1 版　2020 年 10 月第 1 次印刷
定价：68.00 元
*　*　*　*
（如有印装质量问题可更换）

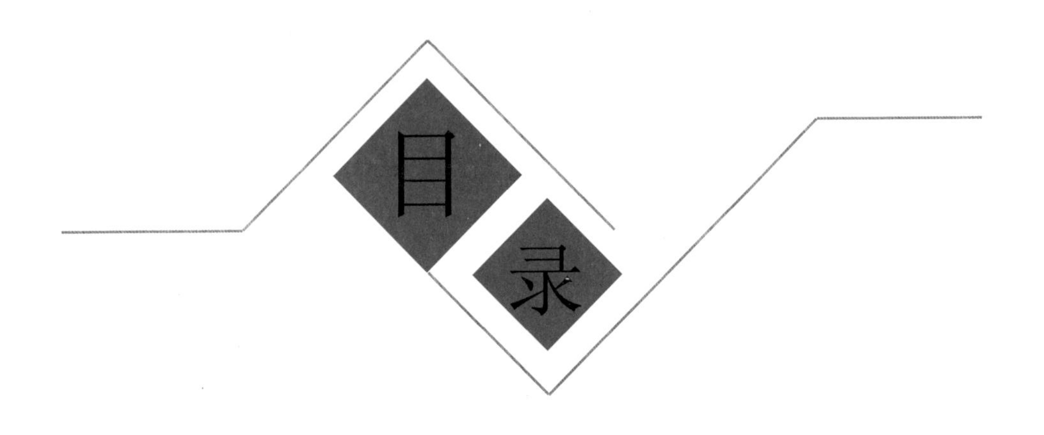

目录

第一部分 生产茅台酒

第二部分 珍酒继往开来

第一部分

生产茅台酒

第一章　扩建800吨工程

贵州茅台800吨/年工程竣工验收报告

图1-1 时任800吨/年投产领导小组组长陈孟强（左一），时任仁怀县县长段绍伟（左二），时任茅台酒厂常务副厂长季克良（左三），时任贵州省省长陈士能（左四），时任茅台酒厂党委书记、厂长邹开良（左五）

茅台酒是世界三大名酒之一，在国内外享有较高的声誉，并有很好的经济效益，但生产规模一直很小。经过中华人民共和国成立后几十年的发展，到1983年生产能力达到1200吨/年。由于国内外消费市场不断扩大，茅台酒远远不能满足国内外市场的需求。为了逐步增大市场的投放量，扩大对外出口，利用茅台酒厂的技术优势和得天独厚的地理环境，“六五”到“七五”期间对茅台酒厂进行扩建，已是件刻不容缓的事。

一、建设项目依据

本期扩建工程系根据 1984 年 5 月 10 日轻工业部食品局（84）轻食酒字第 23 号函，拟于今后三年（1985 年、1986 年、1987 年）对全国名酒进行生产能力的扩建，其中茅台酒扩建 800 吨，投资 3000 万元左右。

1984 年 8 月 21 日轻工业部（84）轻计字第 199 号《关于对茅台酒厂扩建计划任务书的审查意见》正式批准该项目。

1984 年 8 月 22 日按省轻纺工业厅（84）黔基字第 80 号《请报扩建茅台酒 800 吨 / 年扩初设计的通知》，由贵州省轻纺设计院等三个单位完成工程初步设计，经省建设厅、轻纺厅组织审查，并以（84）黔城设字第 266 号文件向轻工业部报出《贵州茅台酒厂扩建工程初步设计审查会议意见》，至 1984 年 11 月 20 日轻工业部以（84）轻基字第 94 号文《关于对贵州茅台酒厂扩建工程初步设计的批复》批准初步设计。建设规模为新增茅台酒年生产能力 800 吨；新增工业产值6280万元（1980年不变价）；新增利税3600万元；新增职工定员700人。扩建工程建筑总面积为 58935 平方米，其中生产性建筑面积 52135 平方米，福利设施建筑面积 6800 平方米，工程总投资额核定为 3834 万元。

二、工程概况

工程于 1985 年 7 月破土动工，主体生产厂房于 1988 年 10 月交付使用。辅助生产厂房及生活福利设施于 1991 年底基本建成，建设工期历时 6 年零 6 个月。

1. 扩建 800 吨 / 年工程生产设施，地址位于老厂区三车间南面赤水河沿岸，选择宽约 200 米、长 600~700 米地段，共征用土地 253 亩（168667 平方米）。施工图实际建筑面积为 74619 平方米，其中生产性建筑面积 54749 平方米，非生产性建筑面积 19870 平方米，均已全部建成。

2. 完成厂内外供水管道 1768 米，供气管道 1152 米，厂区内道路 2040 米，供电及通信设施按批准内容均已完成，可满足生产使用。

3. 按照批准的生产规模，实际购置安装设备 472 台（套），其中工艺设备和辅助设备 204 台（套），占批准数的 43.22%，非标设备 268 台（套），占批准数的 56.78%。

4. 劳动安全、工业卫生及消防设施，按照批准的建设内容均已建成，均满足各有关国家标准要求。

三、设计及质量情况

1. 为了使 800 吨 / 年工程的设计工作能满足茅台酒的工艺要求，又必须满足工业化大生产的需要，我厂在总结和吸取了前几次改、扩建经验教训的基础上，反复征求工程技术人员和有经验的老酒师的意见后，提出了设计原则和指导思想。①稳定：在古滑坡地区，采取抗滑支挡措施，确保建筑物的稳定和施工安全。②适用：适用于保持发扬传统工艺和现代化科学管理，改善生产劳动条件。③美观：建筑物布局合理美观、大方、新颖。④经济：设计合理，节约投资，节约能源，降低消耗，为高质量地完成设计工作打下了坚实的基础。

2. 由于茅台酒的生产工艺独特，厂址又位于赤水河古滑坡地带，工程地质条件复杂，为了高质量地完成设计工作，选择了贵州省轻纺工业设计院做总图设计和生产系统的设计，铁二院一总队做山体稳定、滑坡治理、道涵、护岸、厂房基础、职工宿舍的设计，省规划设计院做总体规划、土石方平衡设计。三家设计院，共同协作配合，于 1984 年 9 月 19 日完成初步设计。经贵州省建设厅组织有关专家，对初步设计和地质条件进行了论证，基本同意三家设计院共同完成的初步设计，后报送轻工业部审批，轻工业部以（84）轻基字第 94 号文正式批准。在此基础上，各设计院按批文要求，按时进行了施工图的设计工作。

3. 由于设计工作中指导思想明确，选择的设计单位合理，因而在整个设计工作中，都能按要求、及时提供施工图设计。整个工程的设计工作，从开工到工程完工，未做较大的变更，也未因设计工作的失误给工程带来经济损失。

四、施工及质量情况

1. 施工单位的选择，经过招标选定了铁五局建筑处承建主体生产车间，铁五局一处承建道路、支挡、涵洞、场地平整、抗滑、生产主体基础工程；水电八局乌江分局承建给水系统工程；贵州省第二建筑工程公司承建职工宿舍工程；中建四局三公司承建包装车间锅炉房、职工医院等工程。其他参与施工的单位有广东电白县第三建筑工程公司（集体）、仁怀县建筑工程公司（集体）、四川省泸县第二建筑工程公司（集体）。8 个施工单位，以国营建设企业为主体，确保了工程质量与工期。

2. 为了加强对施工现场的质量监督工作，成立了以仁怀县城建局为主的施工现场质量监督检查站，负责全现场的施工质量的监督和检查，及时对已完工程的质量，按照国家规范要求进行工程质量评定与签证，做到现场对工程质量的控制。

3. 建立工程施工调度会议制度，协调各有关单位工作。对电力分配、材料供应和工程中出现的各种问题及时通报，要求有关单位及时解决，为工程的顺利实施提供保证。

4. 在施工过程中，指挥部紧紧抓住厂区地质复杂这一关键问题，把重点放在抗滑工程和建筑物基础处理上，做到精心组织施工，严格要求。为防止工程在施工中出现不应有的滑坡，指挥部提出了“先排后挖，先锚后挖，跳槽开挖，分段开挖，边砌边挖”的基础施工方法，对出现的问题及时采取措施，及时与有关设计院联系，并请地质专家和有关工程技术人员到现场进行诊断，提出有效措施进行治理。如生产车间 1 号生产房，在施工中发生整体滑动位移，经地质专家现场诊断后，提出处理措施：一次性增设桩深为 15~20 米，断面为

1.5 米 ×1.5 米、2.5 米 ×2.5 米的抗滑桩共 31 根。又如 3 号生产车间基础个别地段比设计超深 8.5 米，制曲车间基础挖至 8 米后有的地段仍不能满足设计要求，对于这些基础超深问题，指挥部会同有关设计院，都一一进行了处理，保证了建筑物稳定，没有给工程留下隐患。

5. 各单位经过 6 年共同努力，共完成建筑物 29 栋，构筑物 15 座，工业管道 2920 米，并对各单项工程质量，按照国家有关标准逐个进行了质量评定。

五、投资执行情况

本工程经轻工业部（84）轻基字第 94 号文批准，总投资 3834.27 万元。其中贷款 3067.42 万元，占总投资的 80%；贵州省自筹 766.85 万元，占总投资的 20%。1988 年 2 月，经轻工业部授权省建设厅，以（1988）黔城计复字 007 号文批准，调整概算为 4831.64 万元，比原概算增加 997.37 万元；追加的资金来源和投资比例仍执行中央 80%、地方 20% 的标准，到 1991 年底，各渠道资金到位总计 5782 万元，其中拨改贷 709 万元，建行贷款 4250 万元，省财政拨款 223 万元，临时借款 600 万元。建行从本金中扣收利息 620.5 万元。实际用于工程项目资金 5161.5 万元。突破调整概算 330.31 万元。完成投资中：建筑安装工程费 3878.3 万元，设备购置及安装工程费 608.5 万元。工器具购置费 3.1 万元，其他基建投资 591.3 万元，转出资金 65.7 万元，核销资金 14.5 万元。付建设期贷款利息 2221.7 万元。交付使用财产价值 7293.5 万元。

六、主要材料用量

按照初步设计概算，扩建工程需用的主要材料：钢材 4500 吨，水泥 20571 吨，木材 5610 立方米。扩建工程属轻工部和贵州省“七五”期间的重点项目，钢材、水泥绝大部分由省计委分配指标供应。木材由于市场放开，由市场采购解决。工程从开工至竣工共购指标内各种型号钢材 4325 吨，实际总耗用 4125 吨，比概算节余 375 吨。单耗指标为 0.552 吨 / 平方米。水泥购进指标20430吨，工程总耗用20480吨，比概算节余91吨。单耗指标为0.275吨/平方米。木材总耗用量为2322.7立方米，比概算少用3287.3立方米，单耗指标为0.31立方米/平方米。

七、生产准备和试生产情况

1. 为了做好上岗前新职工的培训工作，指挥部在抓好工程建设的同时，对新职工的培训工作也做了统筹安排，于1986年9月把新职工培训计划委托给厂职校，同时拨付培训资金。厂职校落实教师，办起中技班，先后为扩建工程培训技术工人共120人，满足了扩建工程投产的需要，为竣工投产做好了人才储备。

2. 在生产主体工程即将完工时，指挥部根据厂部的指示，组成了投产领导小组，负责投产前的各项准备工作和水电气的平衡及生产原料的落实。

3. 茅台酒生产需用的机械设备不多，构造简单。而质量、出酒率的高低，直接与工艺路线、窖池的砌筑质量有密切的关系。指挥部有一次对上述问题做了系统的检查，结论是：工艺路线正确可行，窖池质量优良。

4. 生产部分于1988年10月竣工400吨/年后，当月便组织投料进行试生产。1989年度共生产茅台酒439.887吨，产量、质量均超过厂部下达的计划指标。1991年度生产茅台酒877吨，达到设计能力的109.6%。1992年度生产茅台酒1032吨，达到设计能力的129%。经4年的试生产，共产茅台酒3102.6吨。新酒入库合格率97.7%，茅台酒主体香型（酱香）占产量的16.87%，创我厂的最高水平。投放市场后可缴纳年税利总额1.93亿元（按1992年销售价计算）。

八、“三废”治理工程与消防设施建设

1. 锅炉房的除尘，选用了高效能的水膜麻石除尘器，再用60米高的烟囱排放。排出的烟气符合国家排放标准。

2. 制曲车间采用MFIBC系列回转反吹袋式除尘器，使车间的粉尘浓度大大降低，改善了车间的工作条件，使粉尘浓度符合国家的标准。

3. 公路两边植树，在厂区设绿化带和绿化景点，改善了厂容厂貌及生产环境。

4. 锅炉房的废渣，有专门的堆放场地，定期用汽车运到指定地方，做建筑材料利用。

5. 由于历史的原因，厂区的环境保护、三废治理，厂里虽做了大量工作，但与国家要求还有差距，随着茅台酒厂改扩建工作的继续，环境保护、三废治理将会更加完善。

6. 酒厂是一级防火单位，对重点车间，如酒库、包装车间都增设了防火卷帘门和消防通道。对酒库还设置了防火隔墙，所有电器设备都采用防爆电机和防爆装置。在整个厂区，按消防规范设置消防栓和灭火器，并建立了严格的规章制度，加强安全防火管理。

以上工程均按设计内容全部建成。

九、劳动保护与工业卫生情况

1. 按工业企业卫生标准进行车间的设计，整个工程完全能满足工业卫生标准。

2. 酿酒工业，大多采用传统工艺，机械化程度很低，职工劳动强度大，在设计中选用实用的机械设备，降低职工的劳动强度，改善了生产条件。

3. 控制车间的粉尘含量，在粉碎车间采用了 MFIBC 系列回转反吹袋式除尘器，使车间的粉尘含量符合国家的规定标准。

4. 有较完善的职工医院，住院病床床位充足，职工生病能得到及时治疗，并对职工进行定期的身体健康检查。

5. 对生产车间中有危险的工区，挂出警告标志，如窖池区，提醒职工在生产作业时，注意安全。

十、竣工和档案资料概况

为了做好本工程的竣工验收和收集文书档案工作，工程自筹备以来，指挥部就十分重视工程技术资料的收集和文书档案的管理工作。各有关科室都配了专职人员，负责对各种资料、文件的收集、整理和保管。在工程即将竣工时，又组织有关人员同时请县档案局的同志进行指导，对各科室保管的各种工程资料、文件、竣工图等进行一次清理和登记造册归档，使之达到规范化和标准化。

十一、项目总评价

1. 本工程在总图及运输设计中，在结合地质条件和地形的情况下，采用了封闭式的布置，既满足了传统工艺的要求，又满足了现代化生产的需要，总图及运输设计合理可行。

2. 由于茅台酒目前还是采用传统工艺生产，选用的机械设备少，主要设备是窖池，因此窖池的质量直接影响到茅台酒的质量。根据长期生产摸索出的经验，大胆改进了窖池的砌筑结构和筑窖方法，经过生产的检验，证明是成功的。

3. 本工程在指挥部与各有关单位的共同协作努力下，交付使用和完工的各单项工程，经质量评定都达到了合格或优良标准。工程的优良率达 23.6%。

4. 茅台酒有一套传统的生产工艺，在工程设计中必须严格执行。这套生产工艺同时也是设计生产用水电气的主要依据。本工程由于工艺路线正确，设计中选用的生产用水电气标准，与生产实际用量基本平衡。

5. 通过 3 年的试生产，各车间都运行正常。在 4 年中共生产茅台酒基酒 3102.6 吨，多生产 1032 吨，达到设计能力的 129%。

6. 按 4 年生产茅台酒基酒 3102.6 吨计，投放市场后，可向国家缴纳年税利总额 1.93 亿元（按 1992 年销售价计算）。至 1992 年 6 月，本工程投资、贷款本息 7160.29 万元全部偿还，本工程的经济效益是好的。

十二、遗留问题及处理意见

1. 给水工程三级水处理站，由于原址发生滑动，新选定的地址经厂有关领导现场察看，不能满足全厂生活用水，所以一直没有施工，建议今后扩改建工程中统筹规划。

2. 原扩初设计中的机修车间、职工食堂、稻草库，为了服从整个厂区的整体规划，故未建。建议今后改建工程时一并考虑解决。

3. 在进行800吨/年扩建工程的前期准备工作时，从考虑节省投资和加快工程进度的目的出发，在茅台乡的麻柳坳星星村租用了土地62.2亩，做生产红砖之用，经过几年的取土做砖，土地无法复垦，经多次请示报告仁怀县人民政府同意征用，目前土地征用手续已办理完毕，但800吨/年扩建工程已基本全面配套竣工，无须使用土地，建议所征用的62.2亩土地给以后扩改建使用，故征地所需的费用不计算在本工程内。

十三、经验和教训

经验：

1. 加强指挥部自身的建设，努力提高全体人员的思想和业务素质，搞好工程各方面的管理工作，是工程取得成功的基本保证。指挥部多数同志来自厂属各部门，缺乏管理基本建设应有的专业知识和业务能力，在厂党委、厂行政的正确领导下，全体同志以“爱我茅台，为国争光”的企业精神和高度的主人翁责任感，坚持“在干中学、学中干”，不断总结和提高自己的业务知识以适应基建管理工作的需要，保证了工程建设的顺利进行，为此，指挥部荣获轻工部“七五”期间建设先进单位管理奖。

2. 在基建管理过程中，通过实践，比较深刻全面地认识了茅台酒传统生产工艺，例如在生产车间的酒窖制作方面，为了有利于酒醅入窖发酵，保证产酒的质量，提高出酒率，在认真总结老车间酒窖制作工艺的基础上，大胆设想，采用了窖池密封和培养微生物的方法，保证了酒窖的密封性能，经过投产后的实验，取得了良好的效果，为今后的酒窖制作工艺提供了经验。

3. 在现场施工监督中，针对茅台地区地质条件复杂的特点，摸索出了在复杂的地质条件下，对基础及支挡工程施工采取先排后挖、先锚后挖、跳槽开挖、分段开挖、边挖边砌的施工方法，保证了工程质量和施工安全。

4. 通过招投标前对施工企业的资质考察，认真选择了施工能力强的国营施工企业承担工程量大、技术要求高、投资额大的主体工程项目的施工，从而保证了工程质量和施工进度，为工程按期交付投产创造了条件。

5. 加强安全意识，把施工安全作为工程管理的一项重要内容来抓，会同施工单位建立健全严密的安全组织和严格的安全防范措施，杜绝了工程质量事故和人身伤亡事故的发生。如铁五局一处承包的土石方工程，在居民区和老厂区比较密集的条件下实施爆破，连续 36 万多炮，从没有发生任何事故。

6. 各级党委、政府、主管部门的关怀重视，厂党委、厂行政的正确领导，各部门及设计、施工单位的支持协助是扩建工程取得圆满成功的基本保障，扩建工程自筹建以来，各级党委、政府及主管部门在资金筹措、材料供应、工程占地等方面给予了极大的支持和帮助，为工程建设提供了良好条件。在施工过程中，从中央到省、地、县及主管部门的各级领导同志都曾亲临施工现场视察施工进展情况，帮助解决工程中存在的问题。厂党委、厂行政把扩建工程纳入党委、行政的议事日程，及时安排、布置、督促指挥部工作，设计、施工单位的全体工程技术人员、干部、职工，把搞好扩建工程建设变为“为国酒出力，为祖国争光”的具体行动，他们拥有良好的职业道德和高度的责任心，不怕条件艰苦，不畏日晒雨淋，兢兢业业地奋战在工地上，高质量、高效率地完成了各自所担负的设计和施工任务。

教训：

1. 进行扩建初期设计时，由于时间仓促，对整个工程缺乏全面系统安排，导致了设计深度不够，漏项较多，在后来的施工中采用边补设计边预算，故而预算投资突破了概算投资。

2. 建设期贷款利息未列入概算，1988 年、1989 年由于市场疲软，国家紧缩银根，银行即从贷款本金中扣收利息 620.5 万元，造成建设资金短缺，不能按计划工期组织施工，影响了工程进度。

3. 征地搬迁工作中，征地未能按规划一次征用，而采用边征边用的方法，增加了征地搬迁的工作难度。

4. 几家设计单位承担设计，虽然各自发挥了优势和专业特长，但互相衔接不够，遇到设计难度大的问题，需要多次进行设计交底才能解决。如厂房基础设计与上部设计的衔接不够，使项目的完整施工图迟迟不能交付，从而影响了工程进度。

5. 在供水系统上水管道设计中，未能很好地结合滑坡地带的地质特殊情况进行设计，致使铸铁管在交付使用过程中，造成承插、漏水、堵塞等现象；另外，在个别项目的设备选型方面，设计单位未能认真听取指挥部要求，造成设备安装完毕后，不能投入运行，因此造成浪费。

通过以上经验和教训的总结，我们认为茅台酒 800 吨 / 年扩建工程，经过 6 年多的建设，能够取得成功，成绩是主要的，通过投产几年来的实践证明，效益是显著的，该工程的圆满建成投产为我厂争创国家一级企业创造了条件，为今后茅台酒生产的发展积累了建设管理经验。

茅台酒 800 吨 / 年扩建工程的成功，充分体现了党中央改革开放方针政策的正确，体现了社会主义制度的无比优越性，对此，指挥部向关心工程建设的各级党委、政府及有关部门，向支持协助工程建设的有关单位，表示谢意，向曾经参加过 800 吨 / 年工程建设的设计、施工单位的领导及全体同志致以崇高的敬礼！

【本文由贵州省茅台酒扩建工程指挥部（负责人为陈孟强）编写，完成于 1992 年 12 月。本文顾问为姚能、邹开良、季克良、罗庆忠，由赵兴德执笔】

茅台酒厂扩建工程指挥部

1992 年 12 月

刻苦钻研专业技术，确保茅台酒优质、高产、低耗

陈孟强

我于1988年9月被聘为（酿造）助理工程师。任职后，在各级领导的关心、教育、帮助下，刻苦钻研专业技术，提高自己的专业水平，运用自己所学的酿酒专业知识，科学地、准确地对制酒四车间（800吨/年扩建工程）的茅台酒生产发挥了指挥和指导作用。5年（1988—1993年）中取得如下显著成绩。

一、工作成效

1. 工艺管理取得较大突破

（1）工艺技术的成效

茅台酒有它传统独特的生产工艺，在工艺管理上万变不离其宗。如何使扩建800吨/年工程在投入生产后保证茅台酒的产品质量，达到工艺的要求，是我们当时400吨/年投产领导工作组的成败关键，作为投产筹备工作组组长的我，肩负的责任大，压力重。我和6位工作组成员，特别是和吕云怀同志，对扩建800吨/年的整体生产环境进行了实地考察，对位于赤水河古滑坡地带的生产厂房进行了地质条件的论证，寻求出微生物区是在一定的生态环境条件下的微生物种类和数量的组成以及它们生命活动的综合体现。比较了解微生物区系特征，以及了解当工艺条件改变时区系的相应变化，是我和吕云怀同志在投产过程中有意识地控制微生物的生命活动、发挥它们的积极作用、防止它们的有害作用的科学基础。因此，我们对不同的环境变化均能控制茅台酒酿造中微生物的生长条件进行了工艺技术处理，向季厂长、汪副厂长提交了《茅台酒400吨/年车间工艺技术采用的请示报告》的工艺方案，得到两位厂长的大力

支持，他们还补充完善了我们未考虑到的不足的部分。方案付诸实施不到一个月便取得了良好的效果，实地观察到生产晾堂、窖池等环境微生物生长旺盛，工艺方案正确，产生的效果极佳。

400吨/年投产准备阶段的另一项工艺技术处理，也就是筹备组工作期间必须完成的工艺准备工作。茅台酒生产的窖池建筑虽结构简单，但直接影响茅台酒质量和出酒率，直接与工艺路线、窖池的砌窖质量有密切的关系。筹备组针对原已建完的800吨/年二、三号生产房窖池进行认真的检查，结论是：砌窖质量差，根本不能保证400吨/年投产之用。但轻工厅党组和厂党委要求的投产时间在即，已不能再拖，我主持了筹备组全体成员会议，对窖池质量进行分析，并提出改造的建议，具体安排了彭朝亮同志（副组长）、吕云怀同志负责对窖池进行改造，并要求按照茅台酒生产工艺技术进行监督、指导，以期满足投产后的工艺质量要求。在完成800吨/年二、三号生产房改造并取得明显效果的基础上，由吕云怀同志起草了《关于800吨/年一号生产房窖池改造方案的工艺措施的请示报告》的建议书，送交汪副厂长、季厂长批复，责成扩建指挥部工艺科按工艺方案实施。通过800吨/年投产后检验，证明800吨/年的窖池改造和之后的窖池工艺方案是正确的，既能满足茅台酒生产工艺需要，又能提高茅台酒质量，有良好的效果，为今后的酒窖建造提供了经验。同时，得到了轻工厅有关领导和厂党政领导的肯定。

（2）工艺措施有效

1989年茅台酒生产除新投产的四车间形势较好外，全厂后期生产形势均十分紧张，原因之一是1989年以前的工艺管理上不正常的高水分、大曲量的错误倾向还未根除，致使一些车间、班组仍然任意施行，也给我们车间的工艺管理带来了不安稳的局面。故此，为说服教育酒师、班长，也为全厂的工艺稳定提出有力的佐证，我们车间选定素质较好、执行工艺坚决的三十三班（酒师罗洪刚）进行用曲量对比实验，即将多投曲的产酒效果与计划用曲的产酒效果进行对比。经过两个轮次的跟踪测定，表明多投10kg曲（计划数）每甑少产10kg酒（见实验报告）。一句话，实验是成功的，取得了应有的效果，对我车间的各班组的教育起到了不可估量的作用，也对全厂的贯彻工艺规程做出了表率。（统计表明：1988年全厂超用曲近1200吨，自1989年起，全厂用曲量逐年下降，现已严格执行用曲计划。）

我们的另一项工艺措施是“三稳定、一适宜”的工艺路线。“三稳定、一适宜”，是为当时新投产的班长、酒师以及新进厂的工人提出的贯彻14项操作规程的简单、明了、易懂的说法。但经过1990年一年的贯彻、施行，我们发现可以将14项操作规程中投料水分、尾酒以及后几轮次的补充水分连在一起，计算出每周期的总投水量，减去气候、设备（鼓风机）等自然条件损失的水分，再考虑每轮次的补充量，就能稳定全年生产周期的工艺条件而确保生产正常运行。再就是视酒醅的水分含量、用糠量、淀粉消耗量、产酒量等因素综合考虑，随上述几种条件的变化和轮次的进度对用曲量进行了标准化（虽客观条件随时改变，但万变不离其宗，可通过主观条件达到满足工艺要求），稳定投放量。还有我们发现收糟温度问题上有值得深入研究的地方，操作书规定夏季加曲前温度与室温平，冬春季30℃~35℃，但我们在几个班跟班测定夏季室温均在32℃以上，甚至38℃左右，而酒醅凉到不能再凉的时候，醅中温度仍是31℃~33℃。我们车间对收糟温度的要求是全周期可按30℃的范围 ±2℃，制定为一个标准。既不违反工艺流程，又确保生产质量。最后对堆积的入窖时间进行选择，即堆积温度与堆积时间两个条件同时考虑，选择出最佳的入窖时间（正常发酵，升温均匀，堆子闻香较好，可按温度测定入窖时间；异常发酵，霉菌生长旺盛，堆积时间过长，会结团，产酒出现霉味，就不能按温度的变化测定入窖时间）。综合以上思路，车间因此而在1991年提出了“三稳定、一适宜”的工艺规定。执行效果是好的，产品质量稳步提高。

2. 茅台酒生产质量大有成效

不可不说，800 吨 / 年工程从 1988 年 7 月交付我们组织投产至今，我们筹备工作组的全体同志及四车间的全体干部职工是下了大力的，熬了多少个不眠之夜，承担了相当大的风险，才取得了今天的显著效果。其中还有厂党委邹书记、季厂长等各位领导的关怀。我记忆犹新的是筹备工作组已进入工作一个月，仍在各种干扰和阻挠下，没有进展，尤其是改造窖池的方案制定后，等了 20 多天仍难施行，幸亏有季厂长、汪副厂长全力支持我们，否则我们的方案无法施行，投产后绝难完成产质量计划，将可能成为历史的罪人。现在，5 年的实践却说明：

（1）产质量

1989 年产酒 439.857 吨，超产 23.857 吨，酱香 65.153 吨，超产 56.833 吨，入库合格率98.4%，超计划指标18.4%。1990年产酒753.566吨，超产77.666吨，酱香 116.861 吨，超产 70.580 吨，入库合格率 98%，超计划指标 9.07%。1991 年产酒 877.04 吨，超产 194.04 吨，酱香 167.437 吨，超产 70.477 吨，入库合格率 96%，超计划指标 3.43%。1992 年产酒 1031.924 吨，超产 199.924 吨，酱香 171.871 吨，超产 84.871 吨，入库合格率 99.5%，超计划指标 5.64%。1993 年产酒 1002.97 吨，超产 170.97 吨，酱香 178.515 吨，超产 85.155 吨，入库合格率 96.8%，超计划指标 1.56%。

B. 经济效益

5 年来，共产酒 4105.57 吨，超产 637.57 吨，相当于 800 吨 / 年工程提前 1 年投产。如果按厂部新增产品率的 60% 计算，再按 1991 年《茅台酒销售单位利润表》计算，即按 104300 元 / 吨的利润计算：4105.57 吨 ×60%×104300 元 / 吨 =25692.657 万元。5 年即可归还全部扩建贷款，又可再次扩建 800 吨 / 年规模。

上述两项说明，四车间一次投料成功并大获丰收，受到各级领导专家和生产部门的肯定，而且也为今后的茅台酒扩建工程积累了经验，拓宽了路子。

5 年的显著成效，达到了茅台酒生产的要求，是茅台酒建设史上的首创。

二、取得几点体会

1. 加强自身的思想建设，努力提高自己的专业技术水平，搞好各方面的管理工作，是我 5 年工作中取得成功的基本保证。我因学习起步较晚，缺乏酿酒专业应有的系统理论专业知识，在厂党委及各级领导的关怀下，以“爱我茅台，为国争光”的企业精神和高度的主人翁责任感，坚持“在干中学、学中干”，不断总结提高自己的专业知识以适应酿酒专业技术的指导和监督工作需要，保证了茅台酒生产的发展，做出了应有的贡献。

2. 重视科技，走科技发展的道路。科学技术是推动企业发展的永恒动力。5 年来，我始终坚持专业技术学习与生产实践相结合，努力从茅台酒酿造知识中消化吸收茅台酒酿造的精髓，克服自身专业技术起点的不足，研究一个问题，解决一个难点，为生产优质茅台酒、提高茅台酒质量做出贡献。

3. 搞科技攻关，重点解决工艺难点。在茅台酒生产竞技场上，如何稳定提高质量，促进产量，还存在一些疑点和难点需要我们这一代人解决。因此，我们要不断地刻苦学习我们应掌握的知识，把茅台酒生产中技术难点的堡垒，一个一个地突破，为今后稳定提高茅台酒产质量做出贡献。

4. 在抓工艺技术管理方面，坚持高标准、严要求，坚决反对马虎、凑合、不在乎的倾向，从难、从严要求自己，使自己在工艺技术管理工作中迅速发展，提高自己。

通过以上总结，我认为我任助理工程师期间，经过个人几年的努力，虽然取得一些经验和成绩，实现了较好的效益，但这只能体现厂党委、厂行政的正确领导，体现茅台酒厂的发展前途，我个人是微不足道的。我衷心向支持我、帮助我的各位领导和同志们致以崇高的敬礼。

【作者陈孟强，时任茅台酒厂制酒四车间党支部书记、车间主任、800 吨 / 年投产领导小组组长】

第二章　茅台酒厂集团技术开发公司

茅台集团技术开发公司文化建设综述

陈孟强

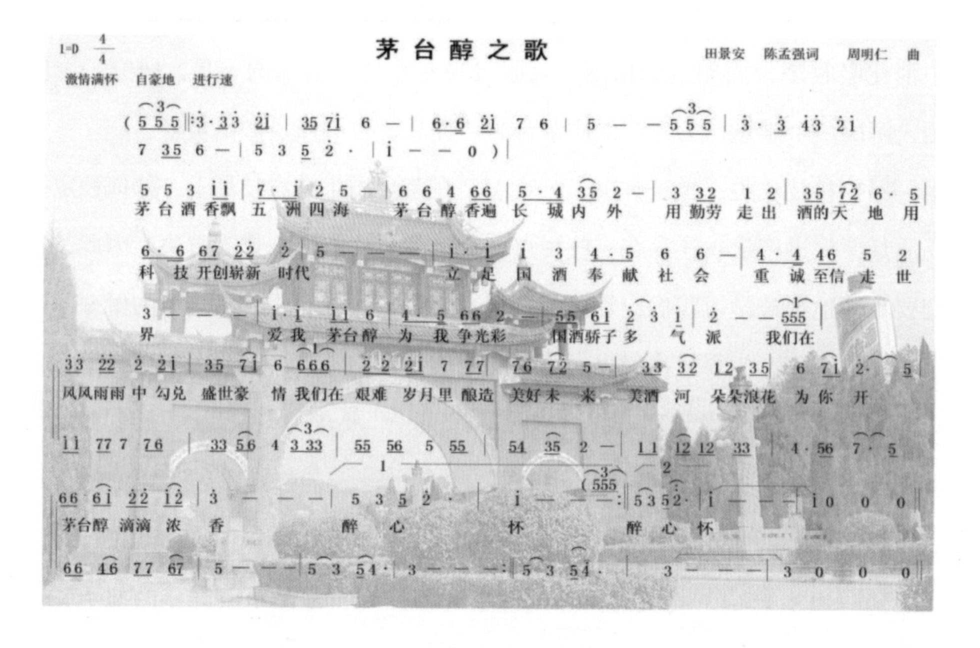

图 2–1 茅台酒厂集团茅台醇之歌

未来的企业竞争，最终将是企业素质的竞争和企业“文化力”的竞争。“文化力”对于一个企业、一个地区以至一个国家的发展来说，都是一种强大的内在驱动力。建设企业文化，从根本上来说，就是为了提高员工的整体素质，对内形成凝聚力，对外形成竞争力。也就是说，企业文化对外是一面旗帜，对内是一种向心力。企业文化是企业发展的灵魂。对于国有股份企业——

贵州茅台酒厂集团技术开发公司来说，之所以能够获得今天的规模和成绩，企业文化是持久发挥作用的内在根本要素之一。正如集团公司的领导所指出的："作为国有企业来说，企业文化是其本质和内因，竞争力是其表现特征。加强企业文化建设能提升国有企业竞争力。所以说企业文化是企业生存的基础、发展的动力、行为的准则和成功的核心。"如何对内形成凝聚力，对外形成竞争力呢？茅台人在不断实践中，摸索到了两条基本途径。

一、企业精神是一个企业存在的真正基础，茅台人充分发挥精神的伟力，在不断创新、创造中开辟企业经营管理的新天地。

按照由低到高、由表及里的顺序，茅台人把企业文化分为四类：一是表现类，二是制度类，三是伦理类，四是精神类。表现类指的是茅台企业文化的物理层、物质层，如茅台酒、茅台醇、家常酒、茅台文化博物馆、代表茅台企业的企徽等；制度类指的是茅台人的内部体制、机制，各种规章、规范等；伦理类则指的是茅台人的道德规范及文明礼仪；精神类则特指"爱我茅台、为国争光"企业精神、重诚守信文化、民主管理文化、创新求是文化。

企业文化，涵盖了企业员工行为的方方面面。其中，企业精神统摄、贯穿和渗透了所有的方面，它是企业文化中最关键与核心的部分。站在"表现"上看茅台，我们得到的是一些浅层的表象认识。譬如企业企徽，看起来鲜活、挺拔、醒目、有力，但其寓意（即"茅台精神"）未必十分清楚。那么实际上关于它们背后的东西，我们就什么也没看到。但是作为文化的载体与精神的象征，它们的生命与意义就太丰富了。事实上，包括茅台酒文化博物馆在内，上述的"表现"就是茅台进行企业文化教育的重要工具和主要基地。

从"制度"上看，一部内部运行的"机理构造图"便渐次展开，不过它是静态的，是强制性的、外部规定的。制度的创新，往往带来企业大的变革，因为实质上，制度的创新改变了企业的内部运行机理，甚至把整个组织构造都换了模样。自改革开放以来，制度创新就一直没有停止过，从计划经济的"计划生产"模式到市场经济初期的"生产经营"模式，再到改制成为上市公司，进行"资本运作"的现代企业制度新形式，这个创新的过程就是技术开发公司不断发展壮大，从创业到成长到日益成熟的过程。

遵义市人民政府办公室

通　知

贵州茅台酒厂技术开发公司陈孟强同志:

经市人民政府研究，决定对您在2003年度为我市地方经济发展作出的突出成绩予以奖励，奖金1万元（大写：壹万元）。请贵企业派员尽快到市政府办公室后勤服务中心财务科办理有关手续（联系电话：3119098）。

请比照相关政策，用企业自有资金对你企业副职进行奖励。

二00四年一月十六日

图 2–2 奖励通知一

遵义市人民政府办公室

通　　知

茅台集团技术开发公司及茅台醇经销公司陈孟强同志：

经市人民政府研究，决定对你在2004年度为我市地方经济发展作出的突出成绩予以奖励，奖金 1万元（大写：壹万元）。请你单位派人于2月20日前到市政府办公室后勤服务中心财务科办理有关手续（联系电话：3119098）。

请比照相关政策，用企业自有资金对你单位企业副职进行奖励。

二〇〇五年二月五日

图 2–3 奖励通知二

从“伦理”来看，员工的各种思想、情感、感觉等便纷至沓来，并紧紧交织、纠缠在一起。从这里开始，我们便具体把握到茅台精神跳动的脉搏。茅台人是非常重视“情治”与“德治”的，管理方法也一向是德威并举，严管与“情治”相结合。在实践中，茅台人创造了多种培育员工敬业精神的方式方法。譬如“爱我茅台、为国争光”的深入开展，颁布《员工手册》，职代会上进行高管人员与职工代表的民主协商对话等，这些形式从根本上保证了茅台的向心力、凝聚力和战斗力。

从“精神”来看，面对“品质、环境、工艺、品牌、文化”为核心竞争力的企业文化高潮，“爱我茅台，为国争光”集中反映了国酒人的认识，在这里我们终于了解了什么是茅台企业文化，什么是真正的茅台人。贵州茅台酒厂集团的领导曾经下过这样一个定义：茅台集团没有因国酒的光荣而自满，而是以更加饱满的热情和民族责任感建设企业文化，全体员工始终坚持“以质量求生存，以人为本，继承创新，捍卫国酒地位，博取行业第一”的企业宗旨，坚持“以质量求生存，创新求发展，竭力追求完美”的经营宗旨，坚持“走新型工业化道路，做好酒的文章，走出酒的天地”的发展方向和“铸就一流”的企业愿景，把自己信奉的“立足国酒，奉献社会，成就自我，完美人生”的价值理念付诸实际行动，以“自讨苦吃，自出难题，自加压力，自强不息”的工作态度使昔日的手工作坊管理整体优化，发展成为同类企业中全国唯一的国家一级企业，特大型企业，全国金马奖、金球奖企业，成为全国唯一集国家A级绿色食品认证、有机食品认证及原处地域保护于一体的白酒类企业，大大提高了企业形象和产品在国内外市场的竞争力。

人总是需要一点精神的，一个企业的发展更是离不开企业精神的确立和弘扬。早期茅台精神的核心是“爱我茅台，为国争光”。老一代茅台人在极端困难的环境下，团结创业，艰苦奋斗，使茅台始终跻身全国名酒行列。其后，连续蝉联中国名酒金奖，茅台人凭仗的是锲而不舍，不唯上、不唯书、只唯实的工作态度和忘我劳动、积极向上的工作精神。

早期的茅台精神塑造了茅台人自信、自强的性格，他们在艰苦的条件下打造了“茅台酒”这块国际名牌；新一代茅台人在新的历史条件下又为茅台精神注入了“敢为人先”的新意。早年，在中国由计划经济向市场经济转变的初期，茅台人首先更新了观念，转换了思维方式和工作方法，采取了一系列有效的措施，用市场经济的规律来指导生产、经营和管理，抓市场、促现场，抓现场、保市场，使茅台系列品牌在全国白酒销售一片萧条的情况下，率先走出低谷，跃入中国企业500强行列，成为中华人民共和国经济大厦的坚强柱石。

二、文化竞争是最高层次的企业竞争，结合现代消费的特点，大力弘扬中国传统酒文化，品牌竞争力和综合实力得到极大增强。中国的市场竞争，这些年已经走过了初期的躁动阶段，从产品竞争，到服务竞争，现在达到了文化竞争的高级阶段。特别是对于茅台来说，其文化内涵更是非常重要和关键的一个因素。

中国的酒不单是一种物质产品，还通过各种创新的方式推广“酒文化”。如茅台集团率先在全国白酒业中提出“文化酒”的概念，并完成茅台酒的文化角度定位，把握了文化酒才能在市场中获得良好的发展空间。在人与自然迈向21世纪的进程中，被科研成果证明了的“国酒茅台，喝出健康来”的宣传已深入人心，具有“三个茅台”丰富内涵的自然、健康的茅台酒已受到众多消费者青睐。日趋成熟的酒文化代表了未来企业文化发展的主流，技术开发公司深入开展的“商道载信，诚信载利”活动，以现代国酒人的理念和机制实现企业再造。

白酒是个传统产业，相对落后的生产方式带来了企业与市场的种种不适应和员工视野的狭窄、思想的保守等。如何面对新世纪、新经济的挑战，顺利实现公司的转型、再造？公司高瞻远瞩，从思想深处和企业文化上狠下功夫，近几年在公司内部深入开展了“重诚守信文化、民主管理文化、创新求是文化”系列活动。这个活动的开展有其深刻的背后动因。自2002年以来，企业围绕市场，每年都要举行一次大规模的思想教育活动，以深化员工对市场经济的认识。2003年，回顾15年历程，提出要“走出成功的阴影，走出低层次竞争的误区”，从而开始了自我否定、自我超越。15年的思想更新与深化，茅台酒厂集团技术开发公司通过总结发现，其实都是在围绕市场，以市场为中心，向着市场中心不断逼近、靠近。实现“商道载信，诚信载利”的承诺。质量诚信，宣传诚信，价格诚信，服务诚信，以诚信的理念来指导公司对社会、对顾客、对供应商、对经销商的经营活动。由于讲诚信，诚实经营，对消费者负责，赢得客户的信赖，创造出吸引广泛客户的强大磁场，在巩固原有的市场的同时不断创造出新的市场，在激烈的市场竞争中保持长久的生命力，最终促使公司持续、快速、跨越性发展。

中国市场经济的深化，必然要求所有的企业、所有的竞争者，都要有一种鲜明的“主体意识”。国有企业也不例外，并且由于国有企业的特殊情况以及传统“官本位”的影响，要破除旧观念，真正按照市场经济的规律、按照现代商人的理念和规则来运作，其阻力和障碍确实很多、很大。决策者站在全球经济一体化和企业战略发展的高度，本着“为前贾续绝学，为后世开太平”的企业文化立场，着眼于传统产业、传统机制，下大力气进行“调整、提升、改造、转型”，彻底告别旧的国有企业经营模式，向着现代企业制度全面迈进。

其一，追求利润的最大化是商人的本质。通过“内抓管理、外抓营销”“买得贱、卖得贵、中间环节不浪费”，深刻体现现代商业和商人的本质特征。

茅台酒厂集团技术开发公司在商言商，企业作为独立的市场经济主体不敢言商、不敢言利，这是很不正常的。几千年“重仕轻商”的陈旧观念，也深深束缚了多数员工的头脑和行为及价值取向。茅台酒厂集团技术开发公司通过“商道载信，诚信载利”的承诺，深入开展活动，全体员工树立了正确的现代职业观和生活观。

在管理上，公司进一步强化了“严管出人才，严管出效益”的理念，建立了“企业管理以财务管理为核心，财务管理以资金管理为中心”的新机制。为了做到“买得贱”，加强了采购过程的管理，尽可能降低库存成本和机会成本。为了使“中间环节不浪费”，一方面强化了基础管理，另一方面在目标成本控制、能源计量管理等方面下了很大功夫。同时为了配合营销，公司加强了质量管理和现场管理，做到“以现场保市场”“质量是最好的推销员”。

在经营上，公司为了“卖得贵”，全面调整和强化了企业的营销结构、产品结构、市场结构和内部组织结构，实现了“营”（市场谋略）与“销”（销售运作）的分离；按照“双赢战略”的要求，扎实营建分销网络，积极尝试电子商务运作，重新整合了产销价值链；加强了品牌经营和市场监管，推动市场建设步入良性循环。

其二，可变性的人力资本是利润的源泉。公司抓住“制度调整”和“心态调整”两个方面，大力开发人力资本，激活员工潜能，实现“以人为本”的现代企业管理要求。

商人通过各种方式、竭尽全力来谋利，那么，“利”的根源在哪儿呢？员工通过深入讨论认为，马克思的“剩余价值”理论是最好的回答。这就是说，利润来源于“剩余劳动”，来源于员工的劳动创造。有一种说法是“企”字始于人，也止于人，“人”是企业的真正灵魂。现代西方管理理论也认为，劳动力不仅是成本，更是资源，是一种"活"的资本。如何最大限度地开发、利用这种资本，调动劳动者的积极性？公司从客观、主观两方面着手，变革劳动关系，激发员工潜能，经营八方人才，实现人力效益。

制度调整，是客观性的一面。公司去年在工资管理的基础上，重新组建了人力资源部，变传统的人事管理为现代的人力资源开发，把员工的技能培训与再教育放在了突出位置。在用人上坚持"以业绩论英雄，凭德才坐位子"，采取公开招聘、上级任命、自行组阁等多种形式，不拘一格选拔人才，并在企业内部建立人才市场，引进所需的，留住关键的，用好现有的，培育未来的。配合人事改革，企业同时加大了分配制度改革的力度，试行按生产要素分配和按人力资本分配，逐步推行"期权、期股制"，使"工者有其股，优者持大股"，员工真正成为企业的主人。

心态调整，是主观性的一面。公司充分尊重员工的心理需求，在制度调整之外，高度重视理顺并调整员工的"心理竞技状态"。因为历经这些年的风风雨雨，公司发现心理失调或者"心态不好"已经成为一个普遍、突出的问题。机制再好，心态不好，或者环境再好、心境不好，最后也产生不出好的效果。公司从客观实际出发，着力重塑全体员工的价值观、道德观和敬业精神，"三管齐下"深化现代商人的教育：一是广泛宣传，告诉员工"为什么我们都是主人"；二是制定目标，明确"如何做好一个主人"；三是强化贯彻，履行好自己的主人角色。

其三，战略发展是商人的最高利益所在。公司提出了"一手抓今天，一手抓明天"的战略方针。通过调整、提升、改造、转型，全面转向新经济，完善现代企业制度。商人重利，更重未来长久的利益与发展。战略制胜是商人的终极追求。如何妥善处理企业的眼前利益与中长期发展，公司经营班子所谓"一手抓今天"，就是创造价值，塑造良好的企业形象。具体而言，就是坚定不移地抓好公司的主业——白酒，提高产业形象和企业形象，确立"让顾客先赢"的经营模式，生产以质量为中心，质量以口感为标准。"一手抓明天"，就是注重中长期发展，培养新的经济增长点。在抓好主业白酒的同时，大力进行产业拓展，投资高新技术产业，致力于实现企业的战略转移和历史跨越。

2003年通过参股的形式，投资1000多万元，加上原来的投资股份，公司初步拉起了“两大产业支柱”，即酒标彩印高新科技。

面向未来，公司除对外拓展外，还主动改造自身：一是利用互联网技术，进行企业内部的信息网络化改造；二是重组机构，相继成立了信息资源部、市场发展部等部门。通过调整、改造，企业的各个部门更加贴近市场，贴近顾客，内部工作效率和管理机能大为增强。

进入21世纪，为使公司获得可持续、快速、健康的发展，公司坚持和倡导“中国企业必须进行批判与再造”，并亲自带领全体员工展开了一场“再造新技术”活动，运用中国共产党优良的思想政治传统，并结合国外先进的“铁篦梳理”管理方法，探索出了一条中国企业思想营运之路，使机制、体制改革与思想革命互为促进，为搞好传统企业再造做出了有益尝试。

贵州茅台酒厂集团技术开发公司的“批判与再造”实际上是一个系统工程，是一个系列、连续的活动。2002年，是开展“在批判中求得新生”活动，进行思想与价值观的批判、再造，重塑员工新价值观。2003年的重点，是开展“批判与再造”回头看活动，检验各人、各单位一年来的整改情况及新价值观贯彻落实的情况，同时重点进行行为模式的批判、再造，提出了新的员工行为判定标准和对“国企之弊”的集中批判——批判和反对企业中的自由主义、官僚主义、形式主义错误。2004年，则是公司制度体系的批判与再造，通过研讨和确立管理基本法，实施制度再造、企业再造、文化再造，旨在给企业设计一套科学合理的利润创造机制和分享机制，以形成一种良好的制度，形成一种系统的支撑力，来彻底摆脱国有企业种种弊病，走向企业的新生和人的新生。

综上所述，从公司的情况来看，对内，企业精神是一个企业存在的真正基础，这是内在的向心力与凝聚力之所在；对外，文化营销构成了市场竞争的最高层次，这是经营的旗帜和外部竞争力之所在；最后，公司又通过全力塑造现代商人理念，完善现代企业制度，调整、提升、再造、转型，全面迎接未来商业时代的到来。

两个方面、两条途径，贵州茅台酒厂集团技术开发公司的企业文化建设可谓深邃、系统而超前。两个方面实际上又各有所长，各自的目标与任务不同，但把它们融为一体，用企业文化的总概念统摄、激励并推动了所有的层次与方面。从中不难看出，企业文化是企业发展的内在动力。当然，一个企业要达到这一点，不经过多年的实践探索与努力，是不可能实现的。经过了实践探索与努力，但企业的经营理念、层次仍是提不上去，"境界"达不到，那么这个结论或论断，就还是无法实现或兑现。茅台集团的领导重视文化，曾经如实说道："文化风来满眼春。"国有企业要想在市场经济大潮的风吹浪打中"闲庭信步"，实现经营业绩最佳，就必须"知其力，用其势"，不断建设和创新优秀的国有企业文化，不断提高国有企业文化竞争力。我们坚信，我国国有企业文化建设必将掀起新的高潮。我们深信，当国有企业文化竞争力不断提高，国有企业文化的力量深深熔铸在国有企业生命力、创造力、凝聚力之时，就是国有企业竞争力最强、生命力最旺、效益最好之时。

2-4 2007 年贵州企业文化建设年会合影，摄于 2008 年 1 月 12 日

（前排右三为陈孟强）

【本文作者陈孟强，原标题为《企业文化是企业发展的推动力——贵州茅台酒厂集团技术开发公司企业文化建设综述》】

谁持彩练舞翩跹

——来自茅台集团技术开发公司2008年年度报告

记者张建忠　　通讯员陈孟强

一位国内资深的经济观察人士说："改革开放30年来，一部分中国优秀企业经过市场经济的洗礼，已有能力建立起自己先进的市场体系，参与国内市场竞争。贵州茅台酒厂集团技术开发公司就是其中的优秀典型代表。"

2009年3月4日，贵州茅台酒厂集团技术开发公司第二届第二次职工代表大会在公司会议室隆重召开。大会由公司党支部书记、副总经理周思一主持，公司董事长、总经理胡本均向大会做《2008年度董事会工作报告》，王俊副总经理做《2008年财务决算情况及2009年财务预算报告》，工会主席王瑞林做《2008年厂务公开工作报告》，总经理办公室主任罗阳早做《2008年度业务接待费使用情况报告》，职代会副秘书长陈涛做《第二届第一次职代会代表提案落实情况报告》，陈华明副总经理宣读《质量目标管理奖方案（讨论稿）》，杨盛勇副总经理宣读《茅台醇经销公司2009年经济责任制（讨论稿）》等，会议对全公司中级以上管理人员进行了民主测评。茅台集团党委副书记、工会主席刘和鸣、茅台集团副总经理丁德杭分别在大会上做了重要讲话。

各讨论组对公司第二届第二次职代会《2008年度董事会工作报告》给予了高度评价，一致认为公司董事长、总经理胡本均在大会上做的《2008年度董事会工作报告》，全面总结了2008年公司各方面的工作，实事求是地总结成功经验，深入客观地分析不足；对2009年工作的安排目标明确，鼓舞人心，对公司全年各项生产经营工作具有很强的指导性和可操作性。

"2008年，是技术开发公司的企业和产品形象大幅提升的一年，"公司党支部书记、副总经理周思一感慨道，"在全球经济疲软的情况下，我们顶住压力，坚持经济抓党建，抓好党建促经济，用理论武装党员头脑，狠抓企业发展，积极寻求销售出路，确保了公司经济指标稳步增长。”

记者了解到，这一年，技术开发公司张扬了一种精神，成功超越了自己的经营历史。这种成功，来源于公司向社会、消费者承诺“商道载信，诚信载利”的和谐消费理念，深入贯彻“顾客100%满意”的工作思想，从根本上保证消费者的实惠和利益，得到了广大市民、消费者的认可。

“2008年，我们打了一场漂亮仗，全体职工以求真务实、团结拼搏的精神状态，积极应对雪凝灾害和金融危机的影响和冲击，及时贯彻落实集团公司适时出台的各项应对措施，千方百计抓好经济运行，稳定企业生产，圆满完成了集团公司董事会下达的方针目标，经济效益再创历史新高。”技术开发公司董事长、总经理胡本均说。

（一）每次考验，企业都能从容应对，一定程度上证明公司的抗风险能力逐步增强

这场漂亮仗的开始，也伴随着突如其来的危机。

2008年初，一场50年罕见的雪凝灾害使各行业及广大人民群众的生活深受影响，也给企业的生产经营带来重重困难。技术开发公司一班人除了做好经销商的协调工作外，自行发电组织生产，包装材料用完了就安排生产一线职工调休，应急预案及时启动，降低了灾害带来的损失。9月，本应是白酒热销的季节，由于金融风暴席卷，白酒行业提前进入“寒冬”，公司9—12月的生产销售量仅为2007年同期的1/3。

能否驾驭复杂局面，经受考验，对于技术开发公司的领头人来说，亦是一场不小的考验。

危机面前，企业领导班子团结一心，沉着应对。他们经过冷静思考，接连催生几项应变措施——

公司一班人首先统一思想，坚信“凡事预则立，不预则废”，高档产品销售重点市场主要放在人口密集、交通便利、消费活跃的省市地区，中低档产品重点市场主要放在地级市、县城及城乡接合部，有效地保障了公司市场运行自如。

公司召开了多次办公会，及时调整战略思路。

公司创新营销模式，推出了适合团队消费的个性化产品，收到销售渠道短、流通速度快、性价比高的极佳效果。

公司化“危”为“机”，适时调整产品结构，保证了公司销售指标和利润指标的增长。

有信心就有思路，有思路才有出路。2008年，茅台醇系列酒、贵州牌系列酒、家常系列酒等“自主品牌”实现销售收入占总销售收入的72%，比上年提高11个百分点，市场占有率得到大幅度提高，连续三年实现稳步增长。

回忆起2008年出现的特殊考验，胡本均、周思一两位技术开发公司领导感慨万千。“由于上半年生产抓得紧，在很大程度上弥补了下半年金融危机造成的损失。经过这场考验，对于技术开发公司未来的发展可谓意义深远。”

（二）加快市场建设步伐，力求终端制胜，不断创出历史新高

管理学大师彼得·德鲁克说：“当今企业之间的竞争，不是产品之间的竞争，而是商业模式之间的竞争。”在如今细分市场、比拼市场网络建设的环境下，更是如此。

技术开发公司坚持市场网络建设的稳定与市场清理整顿齐头并进，把有经济实力、有市场网络资源、讲诚信的经销商作为合作伙伴。2008年，新发展家常酒经销商9家，公司销售网络进一步扩大，遍布重庆、浙江、广西、河南、贵州等省市地区，形成了一个较为固定的销售网络，其市场的占有率和影响力逐步扩大。

在茅台集团“一品为主，多品开发”的战略思想指引下，公司相继开发了茅台醇、家常酒、富贵万年、百年盛世、贵州特醇、贵州王、茅仙酒、京玉等品牌，并受到市场和消费者的青睐。而保护好、塑造好茅台醇品牌是销售工作的重点，在渠道建设上，公司紧紧抓住商超和酒店终端，配合经销商搞节日促销，堆头促销，力求终端制胜。

长期以来，在公司内部，把和谐融入企业管理架构中，坚持“以人为本”，打造营销团队精神；不断提高服务能力和服务水平，创造多种培育员工敬业精神

的方法；非常重视“情治”与“德治”。“用情来感化”，增强公司的向心力、凝聚力和战斗力；在职代会上进行公司高管人员与职工代表的民主协商对话；组织职工参加“3·15”消费者权益日活动；积极参与集团公司和市里组织的各项活动，丰富职工业余生活，陶冶情操。2008年，通过对销售人员进行年初和年中两次培训，营销人员普遍提高了认识，进一步掌握了营销技巧，熟悉了产品定位，加强了服务能力，使企业市场拓展取得了骄人的业绩。2008年，完成生产量比上年同比增长16.7%；实现销售收入比上年同比增长20.5%；上缴税金比上年同比增长27%；利税总额同比增长24.6%；人均创利润同比增长6.7%；人均年收入同比增长7.2%；年末总资产达到5.53亿元，资产保值增值率为353%。

（三）主动承担社会责任，为社会、为国家多作贡献，充分彰显企业活力和创造力

衡量一家企业社会责任的标尺，税收贡献是最为重要的指数之一。

从总额来看，2008年，技术开发公司仍然是贵州仁怀市属企业纳税贡献最多的企业，并再次打破了自己的交税纪录：公司交税4236万元，比上年增长27%。

作为一家负责任的中国白酒企业，技术开发公司的担当还不仅如此。

积极解决退休职工的社保问题。公司多次与社保局协商，为员工补缴了养老保险，使每个员工在退休的时候达到15年以上的缴费年限，退休后能在社保领取工资。

企业发展了，尽可能承担更多的社会责任。2008年5月12日四川发生里氏8.0级特大地震，公司请示上级党委批准后，向灾区捐款50万元。党支部、工会也积极号召组织党员、团员青年和公司员工发扬“一方有难、八方支援”的优良革命传统，为灾区捐款31404元，交纳特殊党费11350元，体现了公司党员和员工心系灾区，与灾区同舟共济，重建家园的决心。

秉行“爱我茅台，为国争光”的企业精神，大力支持公益性事业。2008年，公司认真贯彻落实遵义市政府“关于实施文化科普健身三大工程专题会议”精神，倡导全民健身迎奥运。根据仁怀市委的安排，独家冠名赞助“遵义

市首届茅台醇杯现代舞城市公开赛”，活动取得良好效果，企业的形象和茅台醇品牌知名度又得到一定程度的提高。

不蔓不枝，技术开发公司将创新发展的标尺锁定在了“争创一流企业”的标杆上。在2008年的成果卷宗中，所涌现出来的先进集体和模范人物得到不断彰显——

公司荣获中国企业精神文明管理先进单位称号、贵州省企业文化建设示范单位称号、1996年至2008年连续13年贵州省“守合同、重信用”单位称号、迎奥运贵州遵义首届“茅台醇”杯现代舞城市公开赛组织奖称号、仁怀市“十佳诚信单位”、集团公司“三个文明”建设先进集体称号。

公司积极参加集团组织的各项文体活动，取得了较好成绩，荣获第六届职工运动会乒乓球（女子青年组）第一名、男子篮球（子公司系统组）第二名，荣获“伟大的祖国伟大的党”大合唱比赛三等奖。

公司总经理办公室、生产技术部维修班分别荣获社会治安综合治理先进集体、安全生产（班组）称号。

王瑞林、陈涛两同志荣获集团公司“六先”优秀共产党员称号；袁震等9名员工荣获“三个文明”建设优秀员工、先进员工称号；刘大平等16名员工分别荣获安全先进个人、综治先进个人称号。

此外，公司还评出李晋等20名在生产经营及管理工作中做出突出成绩的先进员工。

长风破浪，一日千里。2009年，技术开发公司进入实质性的操作阶段，开拓新的市场领域。

我们深信，公司新的跨越式发展正像贵州茅台酒厂集团技术开发公司董事长、总经理胡本均在第二届第二次职代会《2008年度董事会工作报告》中提出的那样：“坚持邓小平理论和‘三个代表’重要思想为指导，牢固树立和落实科学发展观，认真落实集团公司党委、董事会下达的各项方针目标，加快市场建设，抓好品牌管理，巩固经营成果，搞好资本运作。审时度势，因势利导，积极应对金融危机的挑战，为全面实现公司目标而努力奋斗！”

商道载信 诚信载利

——对话贵州茅台酒厂集团技术开发公司党委书记、副董事长陈孟强

于 萍 王敬图

当他们致力于改革时，他们造就了一个创业奇迹；当他们舍下血本进行技术创新时，他们收获了美誉与品牌；当他们奉行“诚信为本”的营销之道时，他们实现了公司、经销商、消费者“三赢”；当他们实践“和谐企业”时，他们仁者无敌，无往不利……

贵州茅台酒厂集团技术开发公司作为贵州茅台集团下属的全资子公司，多年来，始终坚持走自主创新、多品开发的道路，在茅台酒厂的大力扶持下，从小到大，从弱到强，在竞争激烈的白酒市场中找到了自己的发展坐标。经过技术开发公司历任领导15年的不懈努力，公司开发的以“茅台醇家常酒”为代表的浓香型系列产品在市场上受到众多商家客户的青睐，享有“国宴茅台酒，家宴茅台醇”的美誉。

作为技术公司的党委书记、副董事长，陈孟强始终恪守“以人为本，注重产供销各个细节，用高尚的企业文化推进品牌战略，为茅台集团增添光彩”的管理目标，为技术开发公司创造了前所未有的发展机遇，展示出蓬勃兴旺的景象。2008年，《中国酒业》记者有幸走近陈孟强，与其探讨技术开发公司发展的方方面面。

《中国酒业》：15年来，技术开发公司不断地发展壮大是业界有目共睹的，可以说是业界当之无愧的一朵奇葩。那么，您觉得最让您感到骄傲和自豪的事情是什么？

陈孟强：15年来，公司累计完成生产量45056吨，实现销售量45026吨，

实现销售收入 11.2 亿元，实现利税 4.5 亿元，上缴税金 2.4 亿元，实现利润 2.078 亿元，职工分红 7279 万元。以茅台醇为主的浓香型系列产品正在长城内外获得“国酒骄子”的美称，这是技术开发公司人求真务实、开拓创新的结晶，既凝聚着一代代技术开发公司人的汗水和智慧，也凝聚着一代代技术开发公司人孜孜不倦的求索和期盼。

对于一个人而言，15 年代表成长；对于贵州茅台酒厂集团技术开发公司来说，这 15 年是自我更新、不断发展的企业腾飞的 15 年，是茅台集团改革历程中里程碑式的 15 年。

《中国酒业》：您如何看待技术公司刚刚走过的 2007 年？

陈孟强：2007 年，是集团公司打造百亿集团的关键之年。公司进一步大兴求真务实之风，进一步增强工作的责任感和紧迫感，克服浮躁情绪和畏难情绪，抛弃一切私心杂念，淡泊名利与地位，在深入实际上下硬功夫，在调查研究上下大功夫，在攻坚克难上下苦功夫，在改革创新上下实功夫。发扬红军在长征中的那么一股韧劲，那么一腔革命热情，那么一种拼命精神，把所有的精力投入事业，一步一个脚印地把我们的事业推向前进，为谱写技术开发公司又一新的诗篇作出了更大的贡献。

《中国酒业》：2007 年，技术公司取得了哪些成绩？能不能用具体的数字来说明？

陈孟强：当然可以。2007 年，技术开发公司的开拓者们把公司推向发展的更高峰。全年实现生产量 5300 吨，同比增长 38%；完成销售量 4950 吨，同比增长 60%；实现销售收入 1.2 亿元，同比增长 41%；实现利润 3925 万元（其中：自营利润 950 万元，投资收益 2975 万元）；上缴税金 3300 万元，同比增长 38%；利税总额 7346 万元，同比增长 99%；人均创销售收入 46 万元，同比增长 43%；人均创利税 28 万元，同比增长 100%；人均收入 41528 元，同比增长 6.2%；公司总资产 1.95 亿元（不含持股）。

《中国酒业》：如今，各行各业都提倡“和谐”，酒水产业也不例外。那么，您认为如何才能将这种“和谐”融入企业的管理架构当中去？

陈孟强：这一点我们可以从技术开发公司一点一滴的企业实践中看出来，如2007年1月28日，在由中国文学艺术基金会、《影响力人物》杂志社、世界华夏英才（北京）文化中心等单位联合主办的“和谐中国·2006年度影响力人物”颁奖盛典上，贵州茅台酒厂集团技术开发公司被授予“和谐中国·2006年度全国荣誉示范单位”称号。随着创建和谐社会的思想深入人心，打造和谐企业已经成为和谐社会的重要一环。和谐企业是怎样造就的？和谐的企业，需要积极向上的“和谐”环境。孟子曰：“天时不如地利，地利不如人和。”这印证了企业内部人和人之间关系的和谐是非常重要的。同时，在搏击市场中，技术开发公司非常重视“情治”与“德治”。所谓“情治”，其实就是“用情来感化”。如果组织成员之间能够“心有灵犀一点通”的话，那还有什么是彼此不能沟通的？而“德治”观念，则主张人人重修身，守法纪，以免“无规矩难以成方圆”。实际上，公司在管理方法上也一向是德威并举，“严管”与“情治”相结合。在实践中，还创造了多种培育员工敬业精神的方法方式。比如，“爱我茅台、为国争光”的深入开展，认真学习《员工守则》，职代会上进行高管人员与职工代表的民主协商对话等。

另外，企业和谐稳定，也是企业成长的基础。公司以规范职工职业道德为突破口，在机关后勤开展了“守纪律、懂规范、树形象”活动。活动中，紧紧围绕建立办事高效、运转协调、行为规范的管理体系这个总目标，对各项工作和制度进行了新的定位。由于管理走向正规化、标准化，公司管理局面大有改观，管理从原来的人管人开始向制度管人转变，公司在经济建设、组织建设、发展稳定及思想政治工作方面都取得了一定的成绩。

再者，主人翁精神从来都是企业发展的内在驱动力，一个成功的企业总是需要有一支极具主人翁精神的员工队伍，以企业团队的精神为企业孜孜不倦地追求，不达目的誓不罢休。公司从客观实际出发，“三管齐下”，着力重塑员工的价值观、道德观和敬业精神，深化了员工的智性层次：一是广泛宣传，告诉员工“为什么我们都是主人”；二是制定目标，明确“如何做好一个主人”；三是强化贯彻“履行好自己的主人角色”。配合人事改革，企业同时加大了分配制度改革的力度，试行按生产要素分配和按人力资本分配，逐步推行“工者有其股，优者持大股”，员工真正成为企业的主人翁。

事实上，技术开发公司的和谐治企之道，带动了员工的上下团结、同舟共济、荣辱与共的群体协作意识的提高，形成了强大的企业凝聚力和强大的市场竞争力，带来了滚滚财富。在倡导“和谐社会”的今天，这对于白酒行业的发展而言，无疑具有鲜明的时代意义与显性价值。

《中国酒业》：如果说，一个企业没有文化就如人失去空气，那么，可以这样说，文化也是企业的灵魂。那么，技术公司在实践中，又是如何将企业文化这一根本要素很好地融入企业发展过程中的呢?

陈孟强：如今，日趋成熟的酒文化代表了未来企业文化发展的主流。在如此市场氛围中，如果说，提出“文化酒”是茅台集团谋略中一部分的话，那么，技术开发公司就必须追求谋略中的最高境界。从“文化酒”企业大军中“突围”，形成自身的“个性酒文化”，成了摆在公司决策层面前的难题。

白酒品牌文化，应是以传承历史为原点的产物，对造就“文化酒”而言，没有文化联想力，就没有品牌价值魅力，当然，也就谈不上使品牌在消费者的消费意识空间留下深刻印象了。实践中，公司依托茅台品牌，将品牌文化镌刻在积淀厚重历史文化的广阔背景中，致力于促使消费者产生一种独具魅力的“茅台文化联想力”。如此一来，利用茅台的品牌影响力，并挖掘自身的品牌文化属性，公司的系列酒品牌有了“差异化”的个性色彩，也有了顽强的生命力。毛泽东同志早就指出：“没有文化的军队，是愚蠢的军队。”

公司决策层对此有深刻的认识，依靠愚蠢的军队，显然不可能取得最终的胜利。企业也要有文化，它涵盖了员工行为的方方面面，其中，企业精神贯穿和渗透了所有的方面，它是企业文化中最关键与核心的部分。未来的企业竞争，最终将是企业素质的竞争和企业“文化力”的竞争，因而必须要让员工融入茅台集团的企业文化氛围中。

对外，文化营销构成了市场竞争的最高层次，这是经营的旗帜和外部竞争力之所在。最后，公司又通过全力塑造现代商人理念，完善现代企业制度，调整、提升、再造、转型，全面迎接未来商业时代的到来。事实上，“文化酒”概念的角度定位，以及企业文化的营造，促使公司在市场中获得了良好的发展空间，2005年、2006年、2007年，公司连续三年被评为“企业文化建设先进单位”。

《中国酒业》：作为一名技术公司的高管，您觉得怎样才能成为一名好的管理者？

陈孟强：我想用一句名言可以概括回答你的这个问题，那就是斯图尔特·克雷纳所说的“管理者们只有一件事可做，那就是思考或面对他在书中没有写到的问题”。

记者感言：

15年的风风雨雨，促使技术开发公司跃上了一个新台阶，市场竞争力大大增强，经济实力得到了进一步壮大，优势得以全方位展露。早期的茅台精神塑造了茅台人自信、自强的性格，从而督促他们在艰苦的条件下打造了“茅台酒”这块国际知名品牌；在新的历史条件下，技术开发公司实现跨越，带领麾下的一帮“技术开发公司人”又为茅台精神注入了“敢为人先”的新意。相信“民族的终将是世界的”，技术公司在茅台集团的指引下，必将拥有一片更广阔的天空。

回天有术自奋蹄

——茅台技术开发公司七年发展纪实

陈孟强

贵州茅台酒厂技术开发公司始建于1992年，是茅台集团下属子公司，它只用了短短5年的时间，一跃成为贵州白酒行业的骨干企业之一，1997年销售收入近1亿元，总资产累计达9900万元。

1998年，因商标纠纷，原主导品牌贵州醇全线停产，公司从巅峰直落谷底，停产达半年之久，企业失去了竞争力，面临着保生存的困境。1999年8月，茅台集团党委、董事会委派胡本均同志接任技术开发公司董事长、总经理职务。虽然上任伊始就面临着重大考验，但是胡本均带领新班子与时俱进，破旧立新，大胆进行改革，采取了强有力的措施：

在产品结构方面，依托“茅台品牌”的优势，走质量效益型道路。在重点打造“茅台醇”品牌、扶持特许品牌的基础上，相继开发了“家常酒”“贵州王”“贵州特醇”“贵州福禄寿禧酒”等品牌，努力提高产品质量，改进产品包装，走品牌市场化、个性化、差异化道路。

在市场建设方面，优化营销组合，重视终端市场，努力构筑、构建渠道系统。在产品销售渠道设计上，采取“扁平化”的渠道策略，一改过去产品经销的省级总代理层层分销制，建立县级特约经销制，产品直接铺到终端，主要做法：一是重视餐饮渠道，以餐饮渠道带动其他渠道。二是完善促销策略，包括渠道促销和消费者促销，以节假日、婚庆促销等为突破口。三是营造消费文化，设计独特的包装、饰品等，在感观上打动消费者，结合“家常酒”“贵州福禄寿禧”等品牌喜庆的色彩，充分发掘中国传统的“家文化”“福文化”的文化底蕴，创新饮用方式，引领时尚消费，在目标市场营造独特的消费文化与品牌文化相结合的氛围。四是做好终端维护，定期拜访分销商，及时帮助分销商理货，维护市场，加强窜货治理等。

在经营模式方面，与商家“共同开发，风险共担，利益分享”，转嫁资金风险，拓宽经营渠道。在巩固发展主体市场的同时，灵活机动地开发其他市场，以制度建设、市场建设、品牌建设、队伍建设推进市场营销建设。

在品牌建设方面，突出主导品牌的形象塑造、品牌价值提升和扩大市场销售份额。以争创驰名商标，加强知识产权保护、打假力度，开展企业、产品形象宣传等活动为切入点，不断赋予产品新的内涵，巩固提升主导品牌高品位、高品质的品牌形象和市场影响力。

在基础设施方面，投入一定的资金进行设备更新改造。在保障生产稳定的同时提高产品质量，改进包装质量，提高产品科技含量。

在人力资源开发方面，秉承“只要有才能，定会给你最大的发展空间”的用人准则。不惜“血本”培训员工，不断深化人事和劳动用工制度，营造吸引人才、人尽其才、人才辈出的良好环境，建立公开、公平、竞争、择优的用人机制，使各种人才都能在不同岗位上发挥应有的作用。

图 2-5 茅台集团技术开发公司党委书记、副董事长、常务副总经理陈孟强

由于措施得力，生产、销售很快走上了正轨，销售收入逐年回升。2000年销售收入恢复到5000多万元。

2002年，鉴于新时期营销工作的新特点，公司党支部书记、副董事长陈孟强提出“无情不商”的原则和“诚信为本”的经营理念，对营销员实行经济责任制。即所谓的“服务营销”，以顾客为导向的“卓越绩效模式”，做到顾客心动，我们行动，满足客户需求，进一步做好售前、售中、售后服务。做到“三声”：来有迎声，问有答声，去有送声；做到“五到”：身到、心到、眼到、手到、口到；做到“六心”：贴心、精心、细心、关心、耐心、热心。为客户提供超值服务，使顾客成为永远的回头客；搞好个性化营销，对客户一视同仁，不厚此薄彼。由于实行了工资与绩效挂钩，当年营销工作取得了新的突破，实现销售收入7100多万元，从而使公司效益连续三年平均每年以1000万元的速度增长，2003年受“非典”影响，还是保证了上缴税金1500多万元。2004年初公司调整了经营战略，以“发展、创新”为主题，将公司经营管理工作提升到一个新的高度，销售收入恢复到6500多万元，同比增长8%，上缴税金1730万元，同比增长13%。

在1998—2004年7年的时间里，公司共计上缴税金1.2亿元。为国家提供产品税、增消二税、城维税共计1.8亿元，上缴企业所得税6000万元；缴纳职工分红个人所得税500多万元。到2004年底，总资产累计9900万元，资产负债率30%，资产保值增值率100%。同时，解决了集团公司200多名老职工子女和仁怀市80多名待业青年的就业问题，员工2004年人均收入达到2.2万元，同比增长42%，这在经济发展水平较落后的西部地区的国有企业中算是高收入了。

由于公司产品质量稳定，多次在国内外获奖。1998年，茅台醇被评为

“中国消费者协会推荐商品”“贵州省消费者协会推荐产品”；1999年被确认为“贵州省名牌产品”“国家质量达标食品”，同年通过绿色食品认证，获准使用绿色食品标志；2000年被评为“贵州省优秀新产品”“中国名牌产品”；2001年贵州王入选“中国名优产品”；2003年在西班牙“世界之星”包装设计奖评比中，贵州福禄寿禧酒获“世界之星2002”（World Star 2002）包装设计奖，茅台醇和贵州福禄寿禧酒双双被授予“中国白酒典型风格金杯奖”称号。因为业绩突出，同年，总经理胡本均被评为贵州省优秀企业家。2004年公司被中国企业联合会授予“中国优秀企业”称号，并经中国企业促进会评审，荣获“中国传统文化产业品牌贡献”“中国企业文化建设先进单位”称号。

这5年，技术开发公司顺利实现了“保生存、求发展、5年上个新台阶”的战略目标，经济建设持续稳定发展，职工收入接近小康水平。下一个5年，胡本均带领领导班子提出了新的战略目标：从现在起到2010年实现销售收入在2005年的基础上翻一番，经济收入预期为年均增长15%；产量达到6000吨；人均收入年均增长8%；建成占地50亩以上的产业基地，拥有超大容量的仓储库房和现代化的包装车间，实现大型勾兑、洗瓶、贴标等生产包装工序的自动化；产品打入国际市场，一定范围内参与国际竞争。

在即将举办的2005年全国秋季糖酒会上，贵州茅台酒厂技术开发公司携主导产品“茅台醇”和七种新品“国隆酒”“杯中情”“富贵万年”“福满天下”“家谱酒”“家常酒”“仙家酒”向各位新老客户致以亲切的问候！

【本文作者为陈孟强、陈涛，原标题是《回天有术自奋蹄——贵州茅台酒厂技术开发公司发展纪实》。陈孟强是贵州茅台酒厂技术开发公司党委书记、高级工程师】

（本文写于2005年10月）

历久弥新铸新篇
——茅台技术开发公司十五年发展纪实

陈孟强

引 言

“宝剑锋从磨砺出，梅花香自苦寒来。”贵州茅台酒厂集团技术开发公司经过15个春秋的艰苦创业、奋力拼搏，走出了一条辉煌之路，一举成为茅台集团的佼佼者，乃至中国浓香型白酒行业的一朵奇葩。

技术开发公司在商道中参悟禅机，传统的诚信经商理念——“商道载信，诚信载利”，成就了现代企业的崛起。

——成就篇

东方风来满眼春，神州涌动改革潮。1992年，在邓小平同志南方谈话的精神鼓舞下，茅台酒厂以此为契机，大胆改革，勇于尝试，适时提出了“一业为主，多种经营，一品为主，多品开发”的战略发展思路，凭借茅台酒厂科技开发的雄厚实力，创办了茅台酒厂技术开发公司。在15年的创业发展中，技术开发公司始终坚持走自主创新、多品开发的道路，在茅台酒厂的大力扶持下，从小到大，从弱到强，在竞争激烈的白酒市场中找到了自己的发展坐标。经过技术开发公司历任领导15年的不懈努力，公司开发的以茅台醇为代表的浓香型产品在市场上受到众多商家客户的青睐，享有“国宴茅台酒，家宴茅台醇”的美誉。公司各项主要经济指标持续多年保持两位数增长，产值、利润、人均创利税等指标节节攀升。如今的技术开发公司已发展成为茅台集团旗下具有一定知名度和科技开发实力的白酒生产企业。

15年风雨历程，既有坎坷磨难，又有扬鞭策马。在改革不断深化的市场经济大潮中，技术开发公司抢抓机遇，勇立潮头，始终秉承茅台集团悠久的企业文化，坚持开拓创新、敢为人先的理念，在公司员工中大力倡导和弘扬“爱我茅台，为国争光”的企业精神，在实践中提出了“以人为本，注重产供销各个细节，用高尚的企业文化推进品牌战略，为茅台集团争光添彩”的管理目标，给公司创造了前所未有的发展机遇，促使企业呈现出蓬勃兴旺的发展景象。

图 2–6 茅台技术开发公司书记、副董事长、高级工程师陈孟强

15 年峥嵘岁月，创业的甜酸苦辣，每一个曾经为技术开发公司工作过并为之付出心血的人都曾经经历过。当我们喜读今天技术开发公司在跨越式发展征途中谱写的辉煌诗页的时候，我们不禁惊讶于她的年轻朝气，还为技术开发公司正一步步走向成熟而骄傲自豪！茅台酒因有高贵的品质而香飘五洲四海，而以茅台醇为主的浓香型系列产品正在长城内外获得“国酒骄子”的美称，这是技术开发公司求真务实、开拓创新的结晶，既凝聚着一代代技术开发公司人的汗水和智慧，也凝聚着一代代技术开发公司人孜孜不倦的求索和期盼！

15 年，技术开发公司成绩显著，来之不易：

累计完成生产量 45056 吨；

实现销售量 45026 吨；

实现销售收入 11.2 亿元；

实现利税 4.5 亿元；

上缴税金 2.4 亿元；

实现利润 2.078 亿元；

职工分红 7279 万元。

也许，数字是枯燥乏味的，但透过上述真实客观的数据，人们仿佛能触摸到公司与时俱进的脉动，欣赏到公司未来的美丽画卷。

15 年能代表什么？对一个人而言，15 年代表成长；对贵州茅台酒厂集团技术开发公司来说，这 15 年是企业不断发展、超越自我、快速腾飞的 15 年，也是茅台集团改革历程中里程碑式的 15 年！

——辉煌篇

2007 年，是茅台集团公司打造百亿集团的关键之年。技术开发公司积极响应集团公司领导的号召，进一步大兴求真务实之风，进一步增强工作的责任感和紧迫感，克服浮躁情绪和畏难情绪，抛弃一切私心杂念，淡泊名利与地位，在深入实际上下硬功夫，在调查研究上下大功夫，在攻坚克难上下苦功夫，在改革创新上下实功夫。发扬红军在长征中那么一股韧劲，那么一腔革命热情，那么一种拼命精神，把所有的精力投入干事业上，一步一个脚印地把我们的事业推向前进，为谱写技术开发公司新辉煌作出了更大的贡献！

2007 年，技术开发公司的开拓者们把公司的发展推上了新台阶：

全年实现生产量 5300 吨，同比增长 38%；

完成销售量 4950 吨，同比增长 60%；

实现销售收入 1.2 亿元，同比增长 41%；

实现利润 3925 万元（其中自营利润 950 万元，投资收益 2975 万元）；

上缴税金 3300 万元，同比增长 38%；

利税总额 7346 万元，同比增长 99%；

人均创销售收入 46 万元，同比增长 43%；

人均创利税 28 万元，同比增长 100%；

人均收入 41528 元，同比增长 6.2%；

公司总资产 1.95 亿元（不含持股）。

斯图尔特·克雷纳说："管理者们只有一件事可做，那就是思考或面对他在书中没有写到的问题。"

技术开发公司的管理者如是说："全面加强和推进党的建设，开创企业经济建设新篇章，实现建设有新局面，员工整体素质有新提高，思想政治工作有新突破，文明创建工作有新推进。"

在实践中，技术开发公司深入贯彻党的十六大、十七大精神，以集团公司董事会工作报告为指针，在集团公司党委、董事会的正确领导下，遵循突出一条主线，即又好又快的发展，为股民作贡献；强化三个意识，即科学发展观意识、产品质量意识、发展市场意识；抓好"四个重点"，即加快新区建设，搞好品牌管理，抓好资本运作，推进薪酬改革；实现五大目标，即实现品牌结构的进一步优化，实现销售收入的大幅度增长，实现品牌管理的进一步规范，实现自主创新能力的进一步增强，实现人力资源平台搭建的工作思路，举全员之力，采取有效措施，整体推进，促进企业持续、快速、健康发展。

昨日的里程，历久弥新，今日的技术开发公司人启迪了心智，如沐春风，虽然在白酒领域或许不是太大、太强，但是，经他们在企业发展的进程中奋发图强，也称得上是经典之作。

技术开发公司创造出来的成就，积累的宝贵精神财富，不但在员工身上得以传承，而且还在新时期不断丰富和发展，发挥出更加积极的作用。我们相信，这种精神必将以其独特的魅力、耀眼的光芒，鼓舞着技术开发公司人在全面建设小康社会的征程上不懈奋斗。

——和谐篇

构建和谐企业并非一个高不可攀的台阶，而是处于任何层面上的企业都可以采取的切实举措。

从技术开发公司一点一滴的实践中，我们观察到公司是怎样把“和谐”融入企业的管理架构中的。

历年来，公司在制度建设上，不断完善职代会制度，全员参与讨论制定制度。在企业管理上，加强民主管理，从确定载体、执行制度、落实责任、加强监督入手，积极推进厂务公开。始终将公司的改革制度、用人制度、分配制度、财务制度作为推行厂务公开的主要内容，增强了公司的向心力、凝聚力和战斗力，确保了生产经营，保障了职工的利益。

企业和谐稳定，是企业成长的基础。技术开发公司党支部围绕集团党委的指示精神，积极做好员工的思想工作，扎实开展保持共产党员先进性教育活动，首先让共产党员提高认识，起带头、帮带作用，使全体员工形成整体合力，积极推动生产经营工作及各项工作的开展。

为发挥工会的职能作用，技术开发公司认真召开了职工代表大会，职工有好的建议就采纳，促使“爱我茅台，为国争光”的精神在企业内部得到真正的体现。

公司以规范员工职业道德为突破口，在机关后勤开展了“守纪律、懂规范、树形象”活动，紧紧围绕建立办事高效、运转协调、行为规范的管理体系总目标，对各项工作和制度进行了新的定位。由于管理走向正规化、标准化，公司管理局面大为改观，管理从原来的“人管人”开始向“制度管人”转变，公司在经济建设、组织建设、发展稳定及思想政治工作方面都取得了一定的成绩。

公司尽力替职工着想，解决员工就餐问题；基本健全社会保险基金管理和住房公积金管理制度；建立了临时工社会养老保险体系；目前，公司人均收入居集团旗下子公司前列。

主人翁精神从来都是企业发展的内在驱动力，一个成功的企业总是需要有一支极具主人翁精神的员工队伍，以团队的精神为企业孜孜不倦地追求，不达目的誓不罢休。

公司从客观实际出发，“三管齐下”，着力重塑员工的价值观、道德观和敬业精神，深化了员工的主人翁意识：一是广泛宣传，告诉员工“为什么我们都是主人”；二是制定目标，明确“如何做好一个主人”；三是强化贯彻“履行好自己的主人角色”，使员工团结合作精神日益增强。

配合人事改革，公司加大了分配制度改革的力度，试行按生产要素分配和按人力资源分配，逐步推行“工者有其股，优者持大股”，使员工真正成为企业的主人。

事实上，技术开发公司的和谐治企之道，带动了员工的上下团结、同舟共济、荣辱与共的群体协作意识的提高，形成了强大的企业凝聚力和强大的市场竞争力，带来了滚滚财源。在倡导“和谐社会”的今天，这对于白酒行业的发展而言，无疑具有鲜明的时代意义与显性价值。

——文化篇

如果说，没有文化就如人失去空气，那么，可以这样说，文化也是企业的灵魂。

技术开发公司之所以能够获得今天的规模和成绩，“文化酒”角色的塑造以及企业文化建设是持久发挥作用的内在根本要素之一。

1. 沿袭数千年的饮酒传统，酒是具有丰富内涵的民族文化代言体，为社会文化生活所需要。然而，公司成立之初，“酒文化”的概念尚未在社会上深入人心，但时日不长，同质“文化酒”概念却“忽如一夜春风来，千树万树梨花开”，着实让业内人士和消费者眼花缭乱。

日趋成熟的酒文化代表了未来企业文化发展的主流。在如此市场氛围中，如果说，提出“文化酒”是茅台集团的谋略，那么，技术开发公司就必须追求谋略中的最高境界。

怎样从“文化酒”企业大军中“突围”，形成自身的“个性酒文化”，已成为了摆在公司决策层面前的一个课题。

公司决策层认为，白酒品牌文化，应是以传承历史为原点的产物，要造就“文化酒”，没有文化联想力，就没有品牌价值魅力，更谈不上品牌在消费者中留下深刻的印象。

实践中，公司依托茅台品牌，将品牌文化镌刻在积淀厚重的历史文化的广阔背景中，致力于使消费者产生一种独具魅力的“茅台文化联想力”。

如此一来，利用茅台的品牌影响力，并挖掘自身的品牌文化属性，公司的系列酒品牌就有了“差异化”的个性色彩，也有了顽强的生命力。

2. 公司成立初期，相对落后的企业文化意识，带来了企业与市场的种种不适应和员工视野的狭窄、思想的保守等。公司决策层开始思考，如何在企业内部顺利实现“茅台企业文化”的塑造。

早期的茅台精神塑造了茅台人自信、自强的性格，他们在艰苦的条件下打造了“茅台酒”这块国际知名金字招牌；在新的历史条件下，技术开发公司实现新跨越，带领麾下的一帮“技术开发公司人”又为茅台精神注入了“敢为人先”的新内涵。

公司决策层高瞻远瞩，从思想深处和企业文化上狠下功夫，在企业内部深入开展了“重诚守信文化”“民主管理文化”“创新求实文化”系列活动。

这个系列活动开展的背后有其深刻的动因。毛泽东同志早就指出：“没有文化的军队，是愚蠢的军队。”公司决策层对此有深刻的认识，依靠愚蠢的军队，显然不可能取得最终的胜利。企业也要有文化，它涵盖了员工行为的方方面面，其中，企业精神贯穿和渗透了所有的方面，它是企业文化中最关键、最核心的部分。未来企业的竞争，最终是企业素质的竞争、企业“文化力”的较量，必须要让员工融入茅台集团的企业文化氛围中。

自 2002 年以来，技术开发公司围绕市场，每年都要举行一次大规模的思想教育活动，以深化员工对市场经济的认识。

3. 务实的做法在技术开发公司的企业文化里凸显。进入 21 世纪，“企业再造运动”已经成为蔚为壮观的企业战略整合活动，一场“批判与再造”的系统工程，在技术开发公司内部轰轰烈烈地构架起来。

2002 年，公司开始了“在批判中求得新生”活动，进行思想与价值的批判、再造，重塑员工新价值观。

2003年重点开展了“批判与再造”回头看活动，检验各人、各单位一年来的整改情况及新价值观贯彻落实情况，同时重点进行行为模式的批判、再造。

2004年，则重点抓公司制度体系的批判与再造，通过研讨和确立管理基本法，实施制度再造、企业再造、文化再造。

如今，公司的企业文化建设可谓系统、深邃、超前。企业文化是技术开发公司全体员工的第一财富。在这样的企业文化氛围中，公司里所有的人都在有序地忙碌工作。尽管每一个人的位置对于庞大的公司来说仅是一颗小小的“螺丝钉”，但他们都极为看重自己做的每一件事，因为公司倡导奉行的是“务实”。

这是一种“爱岗敬业，吃苦耐劳，勇于探索，敢于奉献”的茅台传统和“艰苦奋斗，团结拼搏，继承创新，争创一流”的茅台精神的彰显，激发出的是企业的向心力与凝聚力。

对外，文化营销构成了市场竞争的最高层次，这是经营的旗帜和外部竞争力之所在。最后，公司又通过全力塑造现代商人理念，完善现代企业制度，调整、提升、再造、转型，全面迎接未来商业时代的到来。事实上，“文化酒”概念的角度定位，以及企业文化的营造，促使公司在市场中获得良好的发展空间，2005年、2006年、2007年，公司连续三年被评为“企业文化建设先进单位”。

——荣誉篇

迎难而上的改革精神，高科技和传统技术的有机融合，睿智的营销策略、高素质的管理团队，以及优秀的员工……这些都造就了技术开发公司背后一系列的光环：

1994年通过ISO 9002质量体系认证。

1999年获准使用绿色食品标志。

1998年，茅台醇被评为“1998中国消费者协会推荐商品”“贵州省消费者协会推荐产品”“国家质量达标产品”，同年申办绿色食品认证，获准使用绿色食品标志。

2000 年，“九月九的酒”被评为“贵州省优秀新产品”“中国名牌产品”。

2001 年，“贵州王”入选“中国名优产品”。2003 年，在西班牙“世界之星”包装设计奖评比中，贵州福禄寿禧酒获“世界之星 2002”包装设计奖。

2003 年，茅台醇和贵州福禄寿禧酒被授予“中国白酒典型风格金杯奖”称号。

1999—2003 年，茅台醇连续 4 年荣获“贵州省名牌产品”称号。

2003 年，家常酒荣获中国国际白酒评酒会金奖，茅台醇荣获银奖。

1996—2005 年，公司连续 10 年获省级重合同守信用单位称号。

2005 年，公司获得贵州省首届企业文化十大杰出企业荣誉。

2006 年，茅台醇荣获“2005 世界之星”（World Star 2005）包装设计奖。

2005—2007 年，连续 3 年荣获“中国企业文化建设优秀单位”称号。

回顾贵州茅台酒厂集团技术开发公司不平凡的成长历程，如同在领略一种沧桑与辉煌。

公司的发展历程，明显地烙下了时代的印记。其实，不难发现，公司能有今天的发展，并不是偶然的机遇，而是改革奋进、勇于创新、敢于接受挑战的结果，是企业集体智慧的结晶。

——展望篇

15 年风雨洗礼，技术开发公司跃上了一个新台阶，市场竞争力大大增强，综合实力得到了进一步壮大，优势得以全方位展露。

为实现企业新跨越，公司制定了新的发展战略目标：“十一五”期间，公司销售收入增长速度预期为年均 17% 左右，到 2010 年底实现销售收入在 2005 年的基础上翻一番以上，达到 2 亿元左右，人均收入超过 5 万元，其他各项经济指标至少翻一番，建立起完善的现代化企业制度和社会保障制度，主营品牌茅台醇收入占公司总收入的 80%，其他辅助产品仅占 20%，使主导产品初步具有国际竞争力，打入国际市场，参与国际竞争，实现品牌跨越式增长。

运用新型技术提高传统产业技术的主要预期目标是：通过加速引进和培养各类技术人才，增强科技创新能力，加快技术进步，到 2010 年基本实现包装半自动化、电脑勾兑技术，新建设现代化包装车间，建立跨行业、跨区域的产品链，建成现代化的新型企业。

“六大优势”奠定了技术开发公司未来5年持续、快速发展的良好基础。环境优势，地处中国酒都仁怀，生产经营大环境优越；品牌优势，有强大的茅台集团做后盾；资金优势，经过10多年的稳步发展，公司已经发展成为具有一定规模的白酒制造中型企业；文化优势，酒文化底蕴深厚；营销优势，销售网络已遍及全国31个省、自治区、直辖市；人才优势，有一批酿造技术过硬、确保产品质量的酒师。

“十一五”期间，公司坚持奉行“一手抓今天，一手抓明天”的战略方针。所谓“一手抓今天”，就是创造价值，塑造良好的企业形象。具体而言，就是坚定不移地抓好公司的主业——白酒，提高产业形象和企业形象，确立“让顾客先赢”的经营模式，生产以质量为中心，质量以口感为标准。“一手抓明天”，就是注重中长期发展，培育新的经济增长点。在抓好主业白酒的同时，大力进行产业拓展，投资高新技术产业，致力于实现企业的战略转移和历史性跨越。

“律回春晖渐，万象始更新。”站在新的起点上，技术开发公司“一班人”在党的十七大精神鼓舞下，更加坚定不移地贯彻落实科学发展观，紧紧围绕茅台集团党委、董事会提出的方针目标，在集团公司“一品为主，多品开发”的战略思想的引领下，团结带领全体员工，以发展茅台酒文化为己任，以繁荣地方经济为目的，抢抓西部大开发机遇，求真务实，扎实工作，加快发展，为建设“百亿茅台”、再创公司新辉煌做出新贡献。

蓝图已经绘就，号角已经吹响。如今，技术开发公司员工在企业“一班人”的率领下又踏上了践行企业跨越性发展的新征程。

“天下攘攘，皆为酒来”的白酒时代，未来的市场必将烽火不断，而在烽烟之中，贵州茅台酒厂集团技术开发公司仍将迈着稳健的步伐，一步步走向和谐发展的既定目标，步入它最璀璨的青春岁月。

【本文作者为陈孟强，原标题为《历久弥新铸新篇——贵州茅台酒厂集团技术开发公司发展纪实》】

凤凰涅槃铸辉煌

——茅台技术开发公司十五周年特别报道

陈孟强

编者按：15 年的沉淀，15 年的累积。

生产力的阶段性发展，总会留下具有代表性的时代衍生物——贵州茅台酒厂集团技术开发公司，从 1992 年成立到如今，实现了质的飞跃，成为一种图腾，也成为一种催化剂，让正在“更上一层楼”的贵州茅台酒厂集团技术开发公司完成了“凤凰涅槃”式的新跨越。

对于技术开发公司的开拓者们来说——

当他们致力于改革时，他们造就了一个创业奇迹；

当他们舍得下血本进行技术创新时，他们收获了美誉与品牌；

当他们奉行“诚信为本”的营销之道时，他们实现了公司、经销商、消费者“三赢”；

当他们实现“和谐企业”时，他们仁者无敌，无往不利……

历史需要回顾，才能为后来者所借鉴。只有借鉴，才可能完成技术开发公司新的“凤凰涅槃”。

时光如梭，站在 21 世纪馈赠给我们的市场经济现实高度上，本刊记者回望贵州茅台酒厂集团技术开发公司走过的 15 年历史，不由得感慨唏嘘。

●改革·临危力挽狂澜

从1992年成立，到贵州醇畅销，再到1998年因商标纠纷“贵州醇”停产，再至“贵州醇”事件后，新领导班子带领贵州茅台酒厂集团技术开发公司完成新的崛起，一步步走向辉煌。

她的发展历程展现了一个创业奇迹——15 年的历程是短暂的，但却以炫目的光辉显得永恒而弥足珍贵！

一

时间追溯到15年前。

1992年，贵州茅台酒厂集团技术开发公司作为贵州茅台酒厂集团子公司横空出世，当仁不让地负起责任！

茅台集团赋予了这一“新锐”下属艰巨的使命：执行集团党委的“一品为主，多品开发”战略，解决企业待业人员，为当地仁怀增加财税源……这样的责任，无疑是光荣而沉重的，也预示了一场技术开发公司人的“凤凰涅槃”的到来。

公司成立后，随着第一代品牌“贵州”牌贵州醇问世，在白酒业界刮起一阵不小的风潮。“贵州醇”成了公司的主打产品。投入经营后的“贵州醇”，质量稳定，口感极佳，产品飘香全国，甚至远销美国、东南亚等国家和地区。

到了1997年，公司销售收入近1亿元，总资产累计达8841万元，短短5年时间竟然一跃成为贵州省白酒行业的骨干企业之一，举世震惊。

然而，现实的荆棘刺破了公司发展的梦想。正当企业建设欣欣向荣之时，1998年的“贵州醇”事件，彻底将公司拉离了快速发展的轨道。

在经历了一场断断续续长达10年的商标纠纷后，为支持黔西南的经济，茅台集团从大局着想，退出了有关“贵州醇”的竞争。销售如日中天的“贵州醇”于当年8月下马，就此告别了技术开发公司的历史舞台。

这一事件“发酵”的结局是，曾经的车马喧嚣被门庭冷落取而代之。

公司经营陷入低谷，销售网络基本停止运作，造成了难以估量的损失：1000多万元应收款无法收回，当年各项经济指标急剧下滑，销售只有上年的40%，产品积压1000多吨，占用资金1800万元，包材积压700万元，工厂甚至停产达半年之久。一些职工对此不理解，多次聚众闹事，围攻公司领导，公司面临浩劫。

而此前，始于1997年的亚洲金融危机，致使直到1998年的7月，茅台集团的茅台酒销售量也仅完成全年总任务的1/3。前所未有的严峻现实，最终促成了技术开发公司高层的人事变局。

经茅台集团研究，及时调整了经营思路，组建了新的领导班子——历史最终将胡本均、陈孟强等人推向了风口浪尖！

受组织上委派，刚从贵州大学企业管理专业学成归来的原茅台酒厂进出口公司副经理胡本均随即被任命为技术开发公司董事长、总经理。这是公司新领导班子临危受命，最终力挽狂澜的开始。

此后，2002 年，曾成功完成茅台有机食品认证的茅台集团贵州茅台酒厂股份有限公司企管部主任、高级酿造工程师陈孟强被调任贵州茅台集团技术开发公司党委书记、副董事长、副总经理。

他们与其他新领导班子成员一起，肩负着茅台集团、当地政府的重托，誓为茅台集团的荣誉和尊严而战。

二

放弃“贵州醇”产品，无论对技术开发公司，还是对整个茅台集团来说，都是个严峻的生存考验：产品的更新换代怎么演绎？

胡本均和他的新领导班子破旧立新，在困难面前毫不退缩，大胆进行改革。在贵州省委、省政府提出的“做强以白酒为主的传统支柱企业，坚持先做强、后做大，走集团化、规模化、集约化的发展路子”目标指引下，挟“茅台品牌”名号闯江湖，进行产品结构调整，推出了继“贵州醇”之后的主导品牌——“茅台醇”。

“茅台醇”依托“茅台品牌”系出名门的优势，秉承传统酿造技术，以“传承国酒文化”为己任，是茅台集团“一品为主，多品开发”的战略体现，后被誉为“国酒骄子”，荣获一系列殊荣，并连续 4 年被评为“贵州省名牌产品”，深得消费者青睐。

成功运营“茅台醇”后，为适应市场需要和扩大生产，走市场化、个性化、差异化品牌道路，巩固以茅台醇为主体的品牌结构和开发兼香型白酒品牌，公司又相继问世了多个系列品牌，产品在市场上被消费者认可，销售前景十分乐观。

从“一穷二白”到欣欣向荣，公司于1998—2002年共计上缴税金6000多万元，仅2002年度就创纪录地上缴税金1600多万元；仅仅5年时间，为国家提供产品税、增消二税、城维税共计1亿多元，上缴企业所得税4000万元，缴纳职工分红个人所得税400多万元。

时至2002年底，公司总资产累计达9600万元，资产负债率34%。同时，解决了茅台集团公司老职工子女120多人和仁怀市待业青年80多人的就业问题，这些就业人员人均月收入在1200元以上，在一定程度上带动了仁怀市交通、基酒、饮食、旅游等行业的发展，为地方经济的整体繁荣作出了贡献。

2003年，通过参股的形式，投资1000多万元，加上原来的投资股份，公司初步拉起了“两大产业支柱”，即酒、彩印高新科技。面对2003年的“非典”肆虐，白酒行业遭遇前所未有的重大挫折，当年公司销售收入减少1000多万元，但还是保证上缴税金1500多万元。

2004年以后，公司又重新调整了经营战略，将经营管理工作提升到了新的高度，可谓“一年更上一层楼”。

“爱拼才会赢”，经过几年的努力，付出艰辛的汗水，新领导班子终于使濒临绝境的技术开发公司起死回生，经营情况渐渐好转，产品销售形势喜人，成为仁怀市创税大户，重新恢复了以往的勃勃生机。

三

2007年3月30日，技术开发公司在公司会议室召开了2007年度第一次董事会。会议通报的《董事会工作报告》撩动起大家的心弦：

2006年实现销售收入8459万元，完成年计划的100.7%；实现生产量3840吨，完成年计划的120%。

人均创利税14万元，比上年的13万元增加1万元；人均年收入3.91万元，同比增长16%；公司总资产达到1.67亿元，比上年的1.25亿元增加0.42亿元……

各项经济指标全线飘红——抑或，数字充满了些许乏味与枯燥，但透过上述真实客观的数据的表象，与会者仿佛能触摸到公司与时俱进的脉动，欣赏到公司未来的美丽前景。

日前，面对本刊记者的采访，胡本均的言语里流淌着不羁的豪迈："2007年的成就在2006年的基础上将有跨越性的突破！通过努力才能取得现在的成绩，最满意与最荣耀的是如今取得的成绩——现在的成果就是最好的成果。"

事实上，在胡本均不羁的言语背后，拨开雾气缭绕的白酒业的历史硝烟，在技术开发公司的轨迹中，有很多值得总结与借鉴的地方。

15年来，技术开发公司走过一条不平坦的路，却取得了令世人瞩目的成绩。陈孟强说，从1998年"贵州醇"事件后的一度低谷，到通过几年的努力与创新步入了产值超亿元的中型企业，这是公司在集团公司党委、董事会的领导与关怀下，在公司党、政班子的正确带领下，经过全体员工的顽强拼搏、艰苦努力，一步一个脚印创造出的新成就——这体现了企业的睿智和大气。

●技术·彰显创新活力

15年来，技术开发公司的"自主品牌"和"OEM品牌"与"国酒"的脉搏一起跳动，弥久而隽永。

相继开发的一连串的品牌让人们耳熟能详——茅台醇、百年盛世、杯中情、福满天下、富贵万年、贵州特醇、贵州王、贵州液、国隆酒、家常酒、家谱酒、京玉、老贵州、茅仙酒、美酒河、台商情、仙家酒、小酒保、华香液、百世情……

一

1915年，在美国旧金山巴拿马万国博览会上，茅台酒被茅台人"怒掷酒瓶振国威"，一举夺得博览会金奖，从此扬名海内外。茅台在中华人民共和国成立后更是作为"国酒"，成为发向世界的一张飘香的名片，其传奇色彩可谓空前绝后。

数十年后，技术开发公司生产的"茅台醇"等"自主品牌"和"OEM品牌"白酒又该如何"飘香"？如何让人们进一步认识逐年壮大的技术开发公司，形成集团公司强有力的基础，创造千户饮、万人尝的传奇？

要形成强有力的市场张力，就必然要首先冲破国内白酒“同质化竞争”的困扰。技术开发公司决策层认为，同当年的茅台一样，必须是质量上乘的酒中珍品，才能成为产品问鼎市场的品牌卖点及强劲的支撑点。

“走继承与创新相结合的道路，开发个性化品牌。倘若技术上没有突破，企业就不会有更大的发展。”公司决策层认为，“在继承的基础上坚持不断创新”，真正的融合“传承与创新”的技术才是白酒利润的增长点，它就像一把利剑，能够迅速将财富大门打开，让企业在市场上鹤立鸡群，甚至是所向无敌。

二

然而，白酒产业是我国的传统产业，似乎与现代科技相去甚远。实践中，技术开发公司如何盛开“继承与创新”的花朵呢?

其实，重视科技进步历来在茅台集团内部蔚然成风。“有人说白酒产业是夕阳产业，但换个角度，白酒产业同样可以列入高科技产业的范畴。通常意义的高科技涵括生物科技领域，白酒产业，正是生物产业的一个门类。”茅台集团公司董事长、总工程师季克良曾经说。

就开发白酒产品而言，继承与创新其实并不矛盾。主管技术开发公司副总经理陈华明一语道破天机，“依托技术，在保持原有工艺的基础上创新”。

在继承上，产品采用固态发酵，在勾兑与配制上采用传统的勾兑方式，酒与酒之间进行勾兑。而在创新上，以前是将白酒做出来后，去得到市场的认可；而现在则根据市场的口感推出新的白酒品种，接轨“市场感情”。

已拥有中国白酒界一流的科研队伍的技术开发公司有这样的底气。未来的白酒，随着工艺的科技含量进一步加大，勾兑的技术和艺术性要得到更完美的结合，使产品无论内在还是外在都成为浓缩高科技的一个窗口、一个高科技结晶，做到艺术与技术的完美统一。

不同地域、不同口味、不同层次、不同消费习惯、不同消费能力……消费者的需求多种多样，市场必须予以细分。在茅台集团“一品为主，多品开发”的战略思想指引下，公司的产品结构调整在多个层次齐头并进，一系列的“自主品牌”和“OEM 品牌”与“国酒”的脉搏一起跳动。

尽管产品规格、品种增加，给生产、包装带来了许多困难，但在技术、质量上必须要保持“高标准、严要求”。无疑，这提高了产品的生产成本，但与之相应的结果是，技术开发公司生产的最低档的白酒到市场上也成了名副其实的中端产品，实现了产品质量上的“高端定位”。

三

实践中，技术是先导，在产品结构方面，公司进行产品结构调整，走质量效益型道路。在重点打造“茅台醇”品牌、扶持特许品牌的基础上，相继开发了多个品牌，努力提高产品质量，改进产品包装，在品牌上走市场化、个性化、差异化的道路。

被誉为“国酒骄子”的茅台醇是公司的第二代主导品牌。如果说，当年的“贵州醇”酒是传统酿造艺术经典的话，那么“茅台醇”就是传统技艺和现代科技的完美结合。

经销商在市场第一线，给企业带来财源，也是企业的眼睛，对产品最有发言权。2000 年以来，技术开发公司和经销商一起相继开发了“贵州特醇”“九月九的酒”“茅仙酒”“贵州王”“征服酒”“贵州福禄寿禧酒”“贵州液”“杯中情”“美酒河”“江山多娇”等品牌。这些品牌各树一帜，各具特色，在各自的市场上各领风骚，形成了一品为主、百花齐放的格局，不断丰富壮大着“茅台”家族。

根据公司新的发展思路，2003 年又开发了口感好、价位适中的又一浓香型白酒“家常酒”，上市后销售形势喜人，因其独特的口感，得到有关专家的好评，并在 2003 年荣获中国国际白酒评酒会金奖。

针对不同地区，公司迅速调整产品的包装规格、口感、价位等，进一步细分市场，实行区域销售。如“家常小酒”“家常老酒”“家常福酒”就是根据当地消费习惯而在家常酒的基础上派生出来的区域性产品，极为适合当地的消费水平和消费者的口味。

不管市场如何风云变幻，公司始终埋头狠抓质量。在继承与创新的融合中，白酒这个传统产品，通过技术开发公司的打造，也闪现出“与时俱进”的光辉。

正是技术开发公司以其天造地设的地理环境，长期窖藏的玉液陈酿，利用世代相传的勾兑工艺创新产品，才造就了独一无二的白酒产品品质——醇香馥郁，清洌干爽，余味悠长，从而得到广大消费者的青睐，走上了“飘香世界”的旅途。

●商道·商道载信为本

世上没有始终拉满的弓，商界也无常胜将军。当白酒行业低迷、企业前路迷茫的时候，走出市场困境的秘诀是什么?

技术开发公司在商道中参悟禅机，传统的诚信经商理念——“商道载信，诚信载利”，成就了现代企业的崛起。

一

商界风云，瞬息万变，云谲波诡。1998年后，中国酒业早已是各路酒国诸侯争夺天下的格局。“贵州醇”事件后，公司的“茅台醇”等白酒新品逐渐成长起来。

酒香也怕巷子深，“茅台醇”等白酒的名气显然不能与当今的茅台相提并论。与茅台酒多年运营造就的“皇帝女儿不愁嫁”——客商踏破门槛的局面不同，作为茅台的附属品牌的茅台醇等白酒，尽管技术含量高，但要让经销商认识却很有难度，远没有这么热闹。

顶着“茅台集团”无形的荣光，却愁着如何把“靓女”嫁出去。公司该怎样让新产品被市场接受，最终在贵州醇的基础上实现市场跨越呢?

“商即人”，经销商品如同做人，而做人最重要的就是诚信。而且，只有诚信经商才能彰显茅台精神，技术开发公司不仅应该是市场规则的遵守者，更应该是茅台精神的倡导者。

“今天的诚信就是明天的成就。”主管公司营销的副总经理杨盛勇强调，商业活动不能只追求“利”，而更应追求“信”，在“信”中求利，做到重信轻利，才是真正的“经商之道”。

以挖掘茅台品牌文化价值等为诉求，在公司深入开展的“商道载信，诚信载利”活动中，陈孟强提出的“无情不商”的原则和“诚信为本”的经营理念，被放到了技术开发公司营销指导方针的重要位置。

质量诚信，宣传诚信，价格诚信，服务诚信……“商道载信，诚信载利”，以诚信的理念来指导公司对社会、对供应商、对经销商的经营活动，成了技术开发公司构架营销体系的一块又一块的基石。

公司自觉接受社会监督，努力做到诚信经营。2006年，在“2006·贵州创品牌行动”企业诚信联盟宣言仪式中，技术开发公司与贵州茅台酒厂（集团）习酒公司、贵州开磷（集团）有限责任公司、贵州西洋集团等41户企业自愿结成诚信联盟，胡本均代表公司在“诚信墙”上郑重签字，主动接受广大市民的监督，承诺今后将在企业管理、环保和用地、广告发布、客户服务等多个方面坚守诚信原则。

二

在现代商业社会中，追逐财富的竞赛确定了商界的游戏规则。对于技术开发公司来说，经销商、消费者就是企业的财神爷。

处理好与经销商的关系，营销就成功了一半。然而，和经销商要保持什么样的客商关系呢？

为鼓励经销商放心做市场，技术开发公司选择了强有力的经销商，让利于经销商与消费者，用感情来引导经销商，采取厂家与商家“共同开发，风险共担，利益分享”的经营模式。

加强营销队伍建设，成为企业进一步开拓市场、增加竞争力的一个重要方面。公司通过辞退、招聘、转岗等形式整顿营销队伍，通过内部培训和外出培训的方式提高营销员综合素质，使营销员掌握较为适用的营销方式、方法，建设出了一个能拼善打、业务过硬的营销团队。

以服务为出发点，对营销员实行经济责任制。即所谓的“服务营销”，以顾客为导向的“卓越绩效模式”，使客户成为永远的回头客：做到顾客心动，我们行动；做到“三声”（来有迎声、问有答声、去有送声）；做到“五到”

（身到、心到、眼到、手到、口到）；做到“六心”（贴心、精心、细心、关心、耐心、热心），为客户提供超值服务。

针对片区结构合理但战线太长、销售人员少的缺陷，公司将销售重点放在了沿海和中原等省市。“将原来的 6 个片区缩减为南方片区和北方片区，由片区根据实际情况再划分重点市场。与各销售片区签订经济责任状，将销售任务层层分解，落实到人，做到责、权、利明确。”

严格销售费用管理，对销售费用采取预决算制度、计划审批制度，使有效的资金资源发挥最大效应。实行工资加奖金制度，把任务、市场建设与综合考核相结合，充分调动销售人员的积极性。

对销售公司后勤也实行全员经济风险奖，旨在促进销售一线与后勤的团结协作力度，传递信息的速度，增强后勤员工的服务意识，提高服务质量，为销售一线做好后勤保障工作。

与此同时，及时帮助经销商理货，帮助经销商在超市、便民店中保持终端展示商品整洁，遵循先进先出的原则，及时补货，杜绝缺货、断货的现象发生；对于包装破损、霉变的产品及时给予更换。

技术开发公司通过加强同经销商的沟通联系，使每个区域的经销商和企业都建立了良好的客情关系和信誉关系。

三

鉴于新时期营销工作的新特点，“酒好也要勤吆喝”取代了“酒香不怕巷子深”的论调。在经销商与渠道、厂家与终端的中间环节、管理与维护经销商等方面，又如何构建自己的主渠道呢？

在销售渠道建设上，一改过去产品销售的省级总代理层层分销制，建立县级特约销售制；构筑终端网络，既有利于控制市场，又能缩短产品流通时间，产品能迅速与消费者见面，实现有效的市场扩张。

在销售形式上，以构筑自营品牌家常酒销售渠道为主要形式，监督辖区内的“茅台醇”及其他品牌经销商的销售、宣传广告用语情况和处理产品销售及运输中出现的问题，加强窜货治理和应收账款的回笼。

就窜货而言，根据窜货的不同类型及原因，公司采取了不同的治理办法：制定了多渠道、区域市场合理的价格体系；制定了不同的奖励政策；合理划分分销商的销售区域；加强售后服务，做好产品的退换工作；实行区域包装差异化。通过治理，市场上没有出现经销商或营销员为获取非正当利益，恶意竞争造成的窜货事件。

从生产者立场来看，要保持产品的经久不衰，一定要保证产品质量的稳定；从消费者角度来看，质量好的产品也是其永恒的追求。“不过，所谓‘道高一尺，魔高一丈’，假冒侵权产品总是在挑衅着真品的权威，绝不能步某些白酒品牌无处不有的假货把真品‘打回原籍’的后尘。”

在市场“真假”之战中，该如何维护企业和集团利益，把“打假”推向一个又一个新的高度？技术开发公司不惜血本，加大了打假投入，在全国范围内开展了打假维权活动，切实净化了市场。

公司专门为“打假办”配置了录像机、照相机等器材设备，打假行动轰轰烈烈地展开，成绩显著。通过与各地工商部门的协调合作，捣毁了一些制造假茅台醇、假贵州王、假老贵州等窝点，有力地打击了仿冒茅台酒厂技术开发公司品牌的不法制造商。

“15 年的思想更新与深化，公司通过总结发现，其实都是在围绕市场，以市场为中心，向着市场中心不断逼近、靠近。”为了配合营销，公司还加强了质量管理和现场管理，做到“以现场保市场”“质量是最好的推销员”。

通过“商道载信，诚信载利”的承诺，深入开展活动，公司也为全体员工树立了正确的现代化职业观和生活观。

多年来，由于讲诚信，诚实经营，对消费者负责，赢得了客户的信赖，技术开发公司已创造出吸引广泛客户的强大磁场，在巩固原有市场的同时不断创造出新的市场，在激烈的市场竞争中保持了旺盛的生命力，最终促使公司持续、快速、跨越性地发展，从而实现“三赢”，即公司、经销商、消费者都从中得到了实惠。

●协作 · 缔造强势团队

“一个班子的团结非常重要，通过团队的力量，集合大家的智慧造就了今天的成功。”一个群体，如果团结不到一块就形成不了集体；多个产品，倘若整合不到一起也形成不了品牌。

企业全体职员的主观能动性在整体协作中的发挥，是技术开发公司在市场竞争中脱颖而出的决定性因素。

一

企业要得到良好的发展，拥有一个稳定的、凝聚力强的团队非常关键。团队员工是充满活力，具有竞争力和战斗力的集体。“必须注意各个部门相互之间的配合、协调与沟通。”2007 年 8 月 28 日，在公司全体管理人员会议上，胡本均特别强调了团结协作问题。

胡本均说，公司的发展中各个部门都起着非常重要的作用，各部门之间的工作环环相扣，密切联系，必须注意相互之间的配合、协调与沟通。特别是市场部、供应部、销售公司、财务部、综合部等部门是对外衔接的窗口，直接面对市场和经销商，态度要端正、服务要到位，禁止“吃卡拿要”。

团队不仅要有强有力的组织，而且要有共同的理念、共同的信仰、共同的追求和共同的愿景。陈孟强认为，部门间的协作只是管理的一个方面，能够促使公司屡屡完成“攻坚任务”，一个优秀的管理团队中成员间的协作显然是关键因素。一个具有创造力、创新力的成长型企业，必然有一个优秀的管理团队和团结、和谐的核心领导班子。管理团队的主动性、积极性和聪明才智，必须要在商业经营管理活动中得以充分展现。

“一个班子的团结非常重要，通过团队的力量，集合大家的智慧造就了今天的成功。”胡本均说，领导班子尊重大家的意见，鼓励大家充分发表意见，最后归纳做出决策。“有权也不能独断专行，必须五个指头捏紧。”

工作上，要互相尊重，有问题沟通交流，坦诚相待，实现“共享式管理”，这样才能取得企业良好的发展。在领导班子建设上，归纳起来就是体现“六抓、一评”工作——

“六抓”，即一抓中心组学习；二抓班子的勤政廉洁建设；三抓班子民主集中制原则的贯彻执行；四抓班子成员的组织纪律性；五抓领导班子的监督机制；六抓二级班子建设。

“一评”主要是评议二级机构班子，二级领导班子建设的成效主要通过监督机制来实现，基本完善谈话、述职、群众举报等制度，同时通过干部职工评价这杆秤来称量二级班子的建设。

二

理想和信念把领导班子成员紧紧地凝聚在一起，公司管理团队“求大同，存小异，顾大局”，通过沟通取得一致，形成共识，始终团结在一起，共同为公司谋划。

为加强内部管理，提高管理水平，公司编制了《管理标准》，修订和完善了《管理标准》《工作标准》《技术标准》三大标准，实现了企业管理标准的有机统一。《管理标准》明确了部门管理职责、权限；《技术标准》使公司的质量管理体系与国家标准正式接轨；《工作标准》规定了岗位职责和工作职责。

其实，公司成立后，曾经有一套管理标准，1994 年通过了认证。然而，随着时间的推移，形势也在不断地变化，2002 年底，技术开发公司对原有标准进行了修订。有关物质采购、质量管理上的程序、工作方式等方面的 84 个标准修订后，公司向各分管领导和部门征求意见，有些领导有不同的意见，甚至有抵触情绪。

“为了这事，就为什么要修订标准，在中层干部会上，我们进行了交流沟通。”陈孟强说，沟通最后取得了显著的成效，使班子成员紧密团结在公司董事会、经营班子的周围，成为坚固的战斗堡垒。

三

管理团队与员工，只有聚精会神搞建设，齐心协力谋发展，“相互补台”，才能“好戏连台”。

陈孟强称，可变性的人力资本是利润的源泉。有一种说法：“企”字始于“人”，也止于“人”；现代西方管理理论也认为，劳动力不仅是成本，更是资源，是一种活的资本。

事实上，通过协作，最后达到企业内部个人与个人之间的团结协作才是关键。技术开发公司抓住制度调整和心态调整两个方面，大力开发人力资本，激活员工潜能，实现“以人为本”的现代企业管理要求。

公司充分尊重员工的心理需求，在制度调整之外，高度重视理顺并调整员工的“心理竞技状态”。“因为历经多年的风风雨雨，公司发现心理失调或者‘心态不好’已经成为一个普遍、突出的问题。机制再好，心态不好，或者环境再好而心境不好，最后也产生不出好的效果。”

“心理竞争状态”的调整，催生了公司内部这样的氛围：每个员工都有一种荣誉感，有强烈的进取精神，潜能得以激发，不断地努力拼搏，共同为企业荣誉而战。

【本文作者为陈孟强，原标题为《凤凰涅槃铸辉煌——“贵州茅台酒厂集团技术开发公司成立15周年”特别报道》。曾在2006年的《厂长经理报》上发表】

春风又度玉门关

——茅台技术开发公司快速发展之谜

陈孟强

“春风又度玉门关”，2006年，“十一五”开局之年，贵州茅台酒厂技术开发公司在党的十六大，十六届五中、六中全会精神指引下，坚持以邓小平理论和“三个代表”重要思想为指导，在集团公司党政领导的正确领导和关怀下，在市委、市政府的大力支持和帮助下，全体员工牢固树立和落实科学发展观，认真学习八荣八耻，培养社会主义荣辱观，团结一致，上下齐心，切实贯彻实施“十一五”规划，全面落实科学发展观，认真做好今年的各项工作，积极参与创建和谐社会，全面完成了茅台集团下达的各项经济指标，再创历史新高，为集团公司、地方经济发展作出了积极的贡献，为实现“十一五”宏伟目标夯实了基础。

据统计报表显示：公司全年实现销售收入同比增长15%；实现产量同比增长15%；实现销售量同比增长24%；入库税金2387万元，同比增长35%；实现利润同比增长1%；销售收入利润率达13%；利税总额3912万元，同比增长11%；人均创销售收入27万元，同比增长12%；人均创利润7万元，同比增长1%；人均创利税15万元，同比增长15%；人均年收入同比增长12%，职工福利大幅度增加，目前公司总资产已达1.5亿元，资产负债率26%，资产保值增值率120%，总资产报酬率14%。

公司亮点频闪，取得如此骄人的成绩，是由于着重抓好了以下工作：

——加强党员素质教育，做好党建各项工作

一是加强思想教育，继续推进党员的先进性教育，增强了广大党员政治敏锐性和政治鉴别力，提高了应用科学理论水平，提高了解决实际问题的能力。

二是加强领导班子民主政治建设。

坚决贯彻执行民主集中制，建立健全科学、民主、高效的决策机制，对带有全局性、战略性和前瞻性的重大问题，集体研究决定。在制定公司2006—2010年战略规划时，为细致、深入地制定可行性战略，党政领导按照“集体领导、民主集中、个别酝酿、会议决定”的原则，先后召开四次专题会议讨论研究，直至2006年6月中旬完成整个规划。

注重增进领导班子成员间的团结，坚持集体领导制度，通过贯彻民主集中制，充分发挥每一位班子成员的积极性，不断加强班子成员间的交流和沟通。今年的经营成果和循序渐进的管理工作比上年同期有明显进步，就是班子团结的有力证明。

正确处理好班子成员间的关系，党政领导和正职、副职之间做到“三互三通”，即相互尊重、预先通气，相互理解、主动通气，相互支持、及时通气；切实做到正职不揽权，副职不越权，正职要支持副职敢抓、敢管、敢创新，充分发挥副职的工作积极性，副职要努力维护正职的威信，积极出主意、想办法，主动挑担子，当好帮手。

加强领导班子作风建设。领导班子成员严格要求自己，自觉端正思想作风、工作作风、领导作风和生活作风。坚持实事求是的原则，说实话、务实效、办实事，经常深入基层。班子成员每月不少于10次下基层调研、检查、指导工作，切实抓好各项工作的落实；进一步密切党群干群关系，争做“让人民高兴、让党放心”的好干部。

充分发挥党组织的战斗堡垒作用，带着感情去做党员的思想政治工作，把党组织办成党员之家。关心每一个党员，为他们排忧解难，特别是那些有困难的党员，及时给予帮助，帮助他们解决困难，进一步在群众中提高党员和党组织的威信。如质量部主任出差泸州时遭遇车祸，支部、工会组织党员干部亲自到泸州看望、慰问，使职工在危难时感受到党组织的温暖。

切实加强党建工作和发展党员工作规范化管理。公司发展党员始终坚持“坚持标准、保证质量、改善结构、慎重发展”的工作方针；认真把握“个别吸收、成熟一个、发展一个”的工作原则；进一步规范发展党员工作，确保程序到位。同时根据公司实际，重视在中青年、技术骨干、生产一线中发展党员，把政治上过硬、业务能力强、管理水平高的优秀人才及时吸收到党组织中来。经过考察，将4名入党积极分子分到各党小组进行重点培养。

三是坚持正确的政治方向和舆论导向，积极开展思想政治理论教育和形势教育，让员工认清形势，增强“今天工作不努力，明天努力找工作”的危机感和紧迫感，激励员工积极主动全身心投入到工作中。

四是结合企业实际和探索公司文化建设，把公司建设成为“重诚守信文化”“民主管理文化”“创新求是文化”企业，形成了自身特色的文化体系，改善企业内部的人际关系，增强了员工的凝聚力和战斗力，提高了公司的核心竞争力。公司连续3年被中国企业文化建设促进会评为“中国企业文化建设优秀单位”。

公司在企业文化建设中不忘回馈国家和人民，“不忘政府，多为政府创税收；不忘社会，多为社会做善事；不忘家乡，多为家乡办好事”。

——切实加强管理，推动企业制度改革与发展

3年来，公司销售收入年递增速度均保持在16%，接近“十一五”规划中经济增长速度17%的目标。这充分说明公司不断学习和实践“三个代表”重要思想，深入贯彻党的十六大，十六届五中、六中全会精神，始终按照科学发展观的要求，培养社会荣辱观，坚定不移地在集团公司的正确领导下，开拓创新、锐意进取。同时也证明了公司制定的“十一五”发展规划具有科学性、指导性、战略性、可行性，是未来公司发展的蓝图，是全体员工的共同奋斗目标。

这一年来，公司坚定不移地坚持“发展才是硬道理”，真心为群众服务，倾听群众呼声，反映群众意愿，关心群众疾苦，为群众做好事、办实事，抢抓机遇，加快发展，坚持以质量为中心，以市场为导向，大力加强市场建设，逐步形成了具有自身特色企业文化的经营理念，确保了公司的稳步发展。

1. 认清行业发展形势，加快异地技改项目建设

通过公司董事会的论证通过，已购买了环城东路北段东侧原农场土地30

亩地块，并先后委托中国航天科工集团〇六一基地、遵义市恒信兰德地产评估有限公司对该地块进行了建设项目环境影响评估和地质灾害危险性评估，委托省轻纺工业设计院对该项目进行设计。目前，项目建设效果图已制作完成，施工期为 2 年，总投资 3000 万元，建成后的绿色厂区将拥有先进的生产设备、现代化的包装车间、标志性的办公大楼、行业要求的配套设施、超大容量的仓储库房，将为地方创造更大的经济效益和社会效益。

2. 开发兼香型酒，增强盈利能力

面对市场的激烈竞争，公司生产的浓香型产品已满足不了消费群体的需求，所有产品不仅价格低、税负重、利润薄、经营积累慢，而且发展后劲不足。这就促使公司必须加快转变经济增长方式，提高自主创新能力。因此公司把发展兼香型酒作为转变经济增长方式的一种探索，把贵州市场作为一个试点，着手研发兼香型酒。开发仅仅四个月，销售势头看好，利润比浓香型酒高许多，为公司今年利润大幅度上升增添了重要一笔。

3. 加大宣传力度，推进信息化建设

公司网站（网址：www.mtjk.com）并网运行，正式通过互联网对外宣传公司整体形象，为加强信息资源开发、收集、整理、应用，实现公共信息资源共享，推动信息技术办公自动化在生产销售等方面的广泛应用，公司成立了信息资源部。对网站进行了改版后，加强了对网站的日常维护和新闻资讯更新，内容焕然一新，不仅为经销商和消费者客观全面地了解公司及各种品牌提供了一个平台，而且低成本地宣传了公司品牌，取得了良好的效果。

4. 切实加强生产管理，确保产品质量安全

2006 年，公司在 2005 年修订的公司《三大标准》的基础上，进一步加强了管理创新和制度创新。

在生产质量方面，对《质量手册》进行了部分修改，着重增加了工艺流程控制内容，更加注重生产的制度化、精细化，加强了质量管理；为便于管理，将生产质量部门设为生产技术部和质量部，分工合作，各司其职。通过严格的制度管理，全年没有出现一例质量投诉。

在基酒基地建设方面，根据公司之后发展的需要及办理营业执照的需要，以借款的形式扶持贵州省仁怀市茅台镇台河酒厂，促使其扩大生产规模，为公司生产优质基酒，成为公司在本市境内的第一个生产基地。

在采购基酒方面，严格按照2005年制定的《基酒采购程序》执行，在基酒厂派驻了长期驻厂员监测基酒质量，由生产部门牵头，工会、供应、财务等相关部门参与，按照“暗杯品尝、按质论价”的采购原则联合采购，使整个基酒采购过程透明化、公开化，确保基酒的质量。

在技术改造、扩大生产方面，由于公司本部生产超负荷运行，为扩大生产规模，整体租赁原仁怀市酒厂做包装车间。经过部分改装投入生产，生产线由3条增加到5条，新增包装生产量约1000吨，新招聘了45名临时工。

在安全生产管理方面，认真落实《安全生产法》和各项生产安全法规，完善了安全规章制度和应急预案，防火报警系统和系列防火设施工作状态良好。2006年11月，根据集团公司安全检查的要求，为吸取河北衡水老白干酒厂酒罐爆炸事故教训，充分认识安全生产的重要性、严峻性，坚持“安全第一，预防为主，综合治理”的方针，预防和遏制重特大事故的发生，成立安全自查自纠领导小组，由主管领导亲自抓，分管领导具体抓，层层抓落实，坚持“谁主管、谁负责”的原则，不走过场，不搞形式，使安全工作取得实实在在的成效，全员安全风险责任制执行情况良好，安全工作实现了“四零一低”目标。

在班组建设方面，各班组先后自行建立了合理的奖惩制度，职工违章操作现象明显减少，提高了劳动生产率。在工会的组织领导下，建立了职工之家，利用淡季组织年度优秀职工公费旅游，调动了职工的工作积极性。

5. 切实加强管理，推动企业制度改革

一年来，公司先后召开了三次董事会讨论公司重大事项、重大项目投资，筹备召开股东大会。在集团公司的直接领导支持协助下，于2006年7月底隆重召开了建厂以来的第一次临时股东代表大会，修改了部分内容，完善了股东名册，理顺了股权结构，变更了公司的经营性质，进一步明确了股东大会、董事会、监事会和经营班子之间的权利和义务，逐步完善法人治理机构，在推动企业制度改革上迈出了成功的一步。

工资管理方面，公司进一步加强临时工工资管理，完善职工福利。除正常的薪酬开支外，凡已签订临时工劳动合同满一年的，按国家有关规定为其缴纳养老保险，并于2007年1月1日起为已签订劳动合同的临时工办理医疗保险。同时，拟定了员工工伤及员工参加培训、集体活动等期间的工资待遇标准，公司工资管理更趋完善、合理，解除了职工的后顾之忧。

6. 调整营销策略，加强市场营销管理

2006年，公司对营销工作做了调整，确立了"以自主知识产权品牌为主，重点打造茅台醇，扶持'贵州'牌系列和家常酒，以贴牌生产为辅"的销售策略，取得了一定的成效。

在机构设置上，根据需要成立了市场部，从而加强了对市场信息的收集、分析、处理、反馈，及时掌握市场动态及竞争对手情况，做好市场调研工作，为新产品开发和高层领导调整经营策略提供了决策依据。

在销售形式上，以构筑自营品牌家常酒、京玉酒销售渠道为主要形式，监督茅台醇经销商及其他品牌经销商的应收账款回笼，协调产品销售及运输中出现的问题，积极搞好服务工作。严厉打击经销商在宣传、招商中的违规行为。

在销售网络建设上，重点放在了贵州、河南、两广、两湖和华东等酒类消费大省市市场，通过服务营销、诚信营销、个性营销等方式方法，积极吸引有实力、有网络的经销商加入到公司的行列中来。

在产品销售渠道建设上，通过"向上发展、对外延伸"与厂商联合掌控终端，构筑起终端网络体系，即以建立县级特约经销制为主要形式，推进市、乡（镇）两级市场网络延伸，山东、浙江、两广的销售稳中有升。

在品牌开发上，白酒业经过各种概念的竞争后，目前已开始真正回归到酒的质量本源问题上，白酒业逐渐趋于理性消费和发展，质量型白酒或者是以稳健质量赢得市场的酒厂，逐渐成为白酒市场的主导力量。在这个大背景下，公司顺应市场和消费需求，与有实力的经销商合作推出个性化品牌，选择开发了家常喜、家常福、家常春、家常宴四个家常酒系列，实施文化营销，演绎白酒“家文化”。前期开发形势良好，在浙江、山东、天津、广州及周边地区占据了一定市场，根据销售形势，公司大力跟进。

继续推行营销经济责任制，签订经济责任状，任务分解到个人，明确责、权、利。销售中对销售费用采取预决算制度、计划审批制度，以有效的资金资源发挥最大的经济效应。实行工资加奖金制度，把任务、市场建设与综合考核相结合，充分调动销售人员的积极性。同时对全体销售公司职工实行全员经济风险奖，发挥一线与后勤的团队合作精神，增强后勤员工的服务意识、忧患意识，提高服务质量。

公司在对社会承诺“商道载信，诚信载利”的信誉下，诚信经营，为合作伙伴提供足够的利润空间，为消费者提供品质一流的产品，在经营过程中依照国际惯例及市场价格体系，不压价倾销，不参与不正当竞争，以质量和信誉在市场竞争中求发展。

公司利用淡季生产时间，先后请有关领导及有关部门的同志来公司授课。主要进行了法律教育，食品卫生法、知识产权保护法的培训和教育，提高了员工知法、懂法、守法的法律意识，起到了积极效果。

今年以来，公司党政“一班”在集团公司的领导下，在市党委、政府的关心和支持下，团结带领全体员工迎难而上，开拓创新，奋发有为，扎实工作，促进了公司在艰险中快速发展，各项殊荣纷至沓来。

公司被中国中轻产品质量保障中心授予“全国产品质量监督抽查合格企业”称号，被贵州省工商行政管理局授予“1995—2005 年连续十一年荣获贵州省守合同、重信用单位”称号，被中国企业文化促进会授予“中国企业文化建设创新先进单位”称号。

茅台醇和家常酒系列产品被中国中轻产品质量保障中心确认为“中国优质产品”，并给予重点推广；家常酒在 2006 年中国国际葡萄酒烈酒挑战赛中荣获金奖；全国企业创新产品推广中心授予家常酒“首届全国企业百佳创新产品”称号。

董事长、总经理胡本均被中国企业文化促进会、中国国际职业经理人协会授予“中国优秀企业家”称号；被“南京 2006 全国名酒博览会”授予“2006 年度中国酒业杰出企业家”称号；被中国企业联合会授予“全国企业信息工作优秀领导人”称号。

书记、副董事长陈孟强被中国市场学会授予“中国企业创新优秀人物”称号；被中国企业文化促进会、中国国际职业经理人协会授予“中国优秀职业经理人”称号；被中国国际发展研究中心授予 2006 年度“中国改革创新风云人物”称号；被中华全国工商联合会信息中心授予“全国诚信经营企业家”称号；被中国国际名人评定联合会授予“创中华人民共和国百名功臣”称号。

【本文作者为陈孟强，原标题为《春风又度玉门关——记发展中的贵州茅台酒厂技术开发公司》】

奋飞 2005，唱响 2006

——与时俱进的贵州茅台酒厂技术开发公司

陈孟强

2005 年对于茅台集团下属的子公司——贵州茅台酒厂技术开发公司而言，无疑是一段激情燃烧的岁月，是一曲奋飞与收获的交响，公司各项经济指标全线飘红：全年实现销售收入 7300 万元，同比增长 12%；实现利润 600 余万元，同比增长 51%；实现投资收益 1266 万元，同比增长 110%；人均创销售收入 31.7 万元，同比增长 12%；人均创利润 8 万元，同比增长 100%；人均创利税 15 万元，同比增长 50%；人均年收入 2.8 万元，同比增长 13%。或许，数字非常枯燥乏味，但透过这一个个真实客观的数据，你似乎能触摸到国酒家族成员与时俱进的脉动，仿佛欣赏到公司员工为“十五”收尾画上的美丽句号。

严格的管理助企业更上层楼

管理出效益，如今对于任何一家企业而言都是不争的事实，贵州茅台酒厂技术开发公司作为一家传统的酿酒企业，对此更有着切肤的体会，并且它已经在严格科学管理的实践过程中品尝到了效益的甘美。

去年上半年，茅台集团公司党委责成有关人员对开发公司进行考核，根据考核情况汇总出公司在班子建设、生产管理、经营情况、人力资源开发、厂务公开这五个方面存在的问题，由公司党政一把手牵头成立一个内部管理整顿领导小组，有序推进科学严谨的整改措施。

——政治理论学习，突出“六抓”：一抓中心组学习；二抓班子的勤政廉洁建设；三抓班子民主集中制原则的贯彻执行；四抓班子成员的组织纪律性；五抓领导班子的监督机制；六抓二级班子建设。通过“六抓”提高了班子成员的政治素质和理论修养，同时使班子成员自觉树立勤政廉洁的形象，减少“个人说了算”的独断专行行为，避免决策失误给企业造成不应有的损失。

——编制《管理标准》，进一步规范和完善管理制度：根据集团公司领导指示，参照集团公司的管理标准模式，结合开发公司实际，制定了28个管理标准，编制成公司的《管理标准》，填补了公司标准化管理的空白，从而实现了三大标准的有机统一。

——加强基础管理工作，狠抓规范化管理的落实：根据公司发展实际，制订、修改、补充、完善了《打击假冒产品管理办法》《职工代表大会管理办法》《人事管理规定》《2005年销售公司经济责任制》《厂务公开管理办法》等一系列相关管理规定及规章制度，使公司的各项管理工作更加规范有序，从而确保企业生产经营的顺利推进。

——以规范职工职业道德为突破口，在机关后勤开展了“守纪律、懂规范、树形象”活动：紧紧围绕建立办事高效、运转协调、行为规范的管理体系这个总目标，对公司的各项工作和制度进行了新的定位。

——责任明确、绩效挂钩：为了使内部管理整改措施能够全面落实到位，整改办根据实际一一进行了分解落实，绝大多数的整改项目由单个部门来独立承办，部分需要由两个或两个以上部门共同协作才能完成的整改，明确牵头部门，并要求在规定的时间内完成整改工作，实行整改工作与绩效挂钩。

开发公司始终以科学的发展观为指导，将解决问题的必要性与可行性有效结合起来，既重视对具体实际问题的逐项解决，又重视完善规章制度和建立长效机制，为公司全面完成2005年工作任务奠定了坚实的基础。

一流的质量助企业长盛不衰

茅台集团董事长、总工程师季克良常挂嘴边的一句话是：“产品质量是维系一个企业兴衰成败的命脉。”对此，技术开发公司的每一位员工都感同身受。事实上，技术开发公司从成立的那一天起，就“咬定质量不放松”。早在1994年，公司就一次性通过ISO 9002质量体系认证，与此同时，公司的当家产品——茅台酒传统工艺与现代科学技术相结合的名酒经典——茅台醇，于1999年被评为国家质量达标食品，获准使用绿色食品标志。

随着食品安全越来越受到人们的重视，技术开发公司对其产品质量也提出了更高的要求。为了稳定产品质量，公司要求生产质量部和包装班组共同加强抽检力度，按照程序文件的要求，从材料质量、基酒质量、包装质量、灌装计量等方面增加人力进行现场抽样感官检验以及理化、计量检测。

同时，技术开发公司切实抓好一年两次的质量内审工作和一年一度的复评审核工作，以确保质量体系正常有效地运行。以下几个环节无疑是公司铁腕抓质量的缩影：加强基酒的采购、监控、检验力度，规范基酒采购程序；定期将成品酒、半成品酒及生产用水送到省一级行管办检验；加大半成品、成品抽检力度、范围，制定奖惩制度，责任落实到人，把好半成品酒勾兑、降度质量、计量以及成品酒质量关；产、供、销三个职能部门定期召开质量例会、生产调度会，旨在加强沟通，科学合理地统筹生产调度。

过硬的质量管理，造就了过硬的产品质量，同时也赢得了消费者的信任和市场的厚爱：2005 年，开发公司没有接到一次关于产品质量问题的投诉；当家产品——茅台醇销售收入首次突破 5000 万元大关；"贵州" 牌系列产品——贵州特醇、贵州王发展势头强劲；开发公司自营品牌——家常酒，在低端白酒市场稳稳地占据了一席之地。

如果说严格的内部管理、一流的产品质量是企业得以生存的基础，那么科学的营销战略的制定，无疑给企业在市场的角逐中插上了飞翔的翅膀。2005 年，一整套凝结着开发公司全体员工智慧与心血的营销战略被静静地推向各个市场，此举，令一些老牌白酒企业不得不认真端详这个来自中国酒都的后起之秀——贵州茅台酒厂技术开发公司。

对于同行的惊讶，技术开发公司决策层倒显得十分冷静，他们说，对公司而言并没有什么过人之处或灵丹妙药，只是把制定的营销战略真正落到实处，真正得以推行。是的，当我们怀着急切的心情走进技术开发公司的营销体系，才真正体会到上述表白并不是在作秀。

一是加强营销队伍建设。通过辞退、招聘、转岗等形式整顿营销队伍，通过内部培训和外出培训的方式提高营销员综合素质，使营销员掌握较为实用的营销方式方法，建设一支能拼善打、业务过硬的营销团队。

图 2–7 陈孟强获得 2006 年中国优秀职业经理人称号

科学的营销战略助企业攻城略地

二是合理划分市场。针对片区结构不合理且销售人员少、战线太长的缺陷，公司将销售重点放在了西南、沿海、中原等省市。将原来的 6 个片区缩减为南方片区和北方片区，由片区根据实际情况再划分重点市场。

三是构建销售渠道。一改过去产品经销的省级总代理层层分销制为县级特约经销制，既有利于控制市场，又能缩短流通时间，产品能迅速与消费者见面。

四是实行经济责任制。与各销售片区签订经济责任状，将销售任务层层分解，落实到人，做到责、权、利明确。

五是开发个性化品牌。针对不同地区的消费习惯和消费水平，调整产品的包装规格、口感、价位等，实行区域销售。如“家常小酒”“家常老酒”“家常福酒”就是根据当地的消费习惯而在家常酒的基础上派生出来的区域性产品，完全适合当地的消费水平和口味，得到了消费者的认可。

六是做好终端维护，加强窜货治理。加强与经销商的沟通联系，使每个区域的经销商和公司建立良好的客情关系和信誉关系。及时帮助经销商理货，帮助经销商在超市、便民店中保持终端展示的商品整洁，遵循先进先出的原则，及时补货，杜绝缺货、断货的现象发生；对于包装破损、霉变的产品及时给予更换。

当技术开发公司员工在年末销售的阵阵热潮中与2005年挥手告别时，2006年姹紫嫣红的春天正向他们走来，他们本可以停下匆匆的脚步，欣赏春天的妩媚与多姿，他们本可以舒展疲劳的身体，感受春天的温暖与多情，然而，他们步履仍然匆匆，他们身体依然奔忙，因为蓝图已经绘就，号角已经吹响。

2006年，开发公司仍认真贯彻落实集团公司党委、董事会的方针目标，坚持把提高职工生活水平作为根本出发点，坚持以加快发展为主题，坚持以提供优质服务为宗旨，开拓创新，团结一致，为实现全年目标任务而奋斗。为此，要着重抓好六个方面的工作：巩固企业管理成果，加快基础设施建设；以自主知识产权品牌为主，重点打造茅台醇，扶持“贵州”牌系列和家常酒，以贴牌生产为辅，开发适合消费者口感的多香型白酒品牌；加强营销队伍建设，完善经济责任制；抓好质量内审工作，稳定产品质量；进一步加强和改进思想政治工作；维护职工群众的根本利益。

勇立潮头，打造强势品牌

在闻名遐迩的中国酒都贵州省仁怀市，闪耀着一颗璀璨的明珠——贵州茅台酒厂集团技术开发公司。经过 15 个春秋的艰苦创业、奋力拼搏，茅台酒厂集团技术开发公司走出了一条辉煌之路，不仅成为茅台集团的佼佼者，也成为中国白酒行业的一朵奇葩。

1992 年，在邓小平同志南方谈话的精神鼓舞下，茅台酒厂以此为契机，大胆改革，勇于探索，适时提出了"一业为主、多种经营，一品为主、多品开发"的战略发展思路，凭借茅台酒厂科技开发的雄厚实力，创办了茅台酒厂技术开发公司。在 15 年的创业发展中，技术开发公司始终坚持自主创新、多品开发的道路，取得了显著成绩，累计完成生产量 45056 吨，实现销售量 45026 吨，实现销售收入 11.2 亿元，实现利税 4.5 亿元。

2008 年，贵州茅台酒厂集团技术开发公司迎来了更大发展的一年，为公司再开新的篇章。

15 个激情燃烧的岁月，15 年艰辛创业发展，在历任领导的不懈努力下，如同一幅幅波澜壮阔的历史画卷，载入贵州茅台酒厂集团技术开发公司的发展史册。公司开发的以茅台醇为代表的浓香型产品在市场上受到众多商家客户的青睐，享有"国宴茅台酒，家宴茅台醇"的美誉。公司各项主要经济指标持续多年保持两位数增长，产值、利润、人均创利税等指标节节攀升。

如今的技术开发公司已发展成为茅台集团旗下具有一定知名度和科技开发实力的白酒生产企业。

如果说茅台酒因有高贵的品质而香飘五洲四海，那么，以茅台醇为主的浓香型系列产品正在长城内外获得"国酒骄子"的美称，这是技术开发公司人求真务实、开拓创新的结晶，既凝聚着一代代技术开发公司人的汗水和睿智，也代表了一代代技术开发公司人与时俱进的不断追求！

这是一个崭新的起点。

2007年12月28日，仁怀市委书记房国兴、茅台集团公司副总经理丁德杭以及仁怀市常务副市长黄国宏，副市长张家齐、杨英率有关部门负责人前往茅台集团技术开发公司调研，并召开座谈会，对该公司面临的问题进行磋商解决。房国兴指出：把技术开发公司作为仁怀市重点企业重点培育，在政策扶持上给予重点倾斜。

在座谈会中，技术开发公司董事长、总经理胡本均就公司的生产经营状况及发展中遇到的问题做了汇报。2007年，公司凭借茅台品牌影响力与日俱增大好形势的东风迅猛发展，呈现出快速发展的势头，各项指标全盘飘红，主要经济指标呈两位数增长，打造了历史最好行情，同年10月就提前完成了集团公司下达的全年生产销售任务。完成生产量5000吨，同比增长23%；实现销售量4600吨，同比增长35%；实现销售收入1.2亿元，同比增长29.5%；上缴税金3300万元，同比增长27.7%，创税率在全市地方企业中排名第一。公司解决了800多人的就业问题，但公司现有生产条件已不能满足发展要求，需要重新选址修建新厂房。

房国兴在会上说："技术开发公司是茅台集团的子公司，同时也是地方企业，对该公司面临的具体问题，政府应该及时给予帮助解决，以良好的服务来帮助和扶持其继续发展状大。"房国兴指出：技术开发公司作为仁怀的第一纳税大户，为地方经济的发展贡献巨大，市委政府应当给予重点扶持和政策上的重点倾斜，在今后的工作中，要支持技术开发公司做大做强，实现又好又快发展，要将此作为支持茅台发展的一项重要内容来研究，要加强对技术开发公司的关注和关心，在依法行政的前提下，要力所能及地帮助技术开发公司解决在发展中遇到的困难，用良好的服务为企业创造和谐的发展环境。

丁德杭在会上说，对仁怀市委、市政府对于茅台集团技术开发公司的关心和支持以及为企业所做的细致的服务表示感谢，茅台技术开发公司定会在集团公司及市委、市政府的关心扶持下发展得更好更快，茅台技术开发公司也定会在今后的工作中继续努力做大做强，进一步为地方经济作出贡献。

2008年，是深入学习贯彻党的十七大精神和中央经济工作会议精神的重要之年，是贵州茅台酒厂集团技术开发公司创新发展的希望之年。

站在新的起点，展望未来，技术开发公司人深感责任重大。新的一年，谋划推进技术开发公司跨越发展，开拓创新，打造强势品牌，研究部署2008年及之后一个时期的工作，共同吹响催人奋进的号角。

新要求、新目标催生新举措。2008年是承前启后、继往开来的关键时期，面对难得的战略机遇，肩负光荣历史使命的技术开发公司人将迈着稳健的步伐，弘扬“爱我茅台，为国争光”的企业精神，前赴后继地奋斗，斗志昂扬地拼搏，崭新的事业将更加辉煌，技术开发公司的明天将更加美好！

第二部分

珍酒继往开来

第三章　从茅台到珍酒

珍酒，昨天，今天

陈孟强、陈守刚

图 3–1　贵州珍酒厂区鸟瞰图

一

贵州茅台易地试验基地的建设，走过了半个世纪的历程，倾注了一代伟人的心血，寄托着国家领导人的殷切希望。茅台酒易地试验取得成功，为珍酒的问世奠定了厚实的酱香文化底蕴。

1958 年 3 月，中共中央政治局扩大会议在成都召开期间，毛泽东主席在与中共贵州省委书记、省长周林交谈时，提出“茅 台酒何不搞他一万吨”的宏伟构想。在毛泽东主席的这一大胆设想之下，北京、内蒙古、贵州等地都先后进行了茅台酒易地试验，结果却无一成功。时隔 17 年，1975 年 1 月，第四届全国人民代表大会第一次会议召开，周恩来总理再次提出了“生产万吨茅台酒”的提案，得到会议通过，确定由中科院负责实施，定名为《贵州茅台酒易地生产试验》(中试)，列入国家重点科技项目。贵州省科委作为项目主抓单位，在省委政府的高度重视下，经多方选址定在遵义市近郊，并立即从茅台酒厂调集精兵强将，在大娄山脚遵义市北郊扎下了营盘，试制茅台酒的序幕由此拉开。遵义市北郊董公寺镇这块沉寂的土地，也从此沸腾起来。

图 3–2 贵州珍酒公司研究会

为了确保试验成功，茅台酒厂不仅抽调以原茅台酒厂厂长郑光先、实验室副主任林宝财、副总工程师杨仁勉为首的 28 名优秀人才组成生产实验骨干班子，还将生产所用的高粱、曲药、母糟、设备、水和窖泥等从茅台专运过来。这一切都是为了确保试验能达到原汁原味的“茅台”效果。

曾经在茅台酒厂立下汗马功劳的精英们，踏上红色遵义的这块热土，在一个陌生而又艰苦的环境里任劳任怨奉献着所有的聪明才智，没有办公室和厂房，就搭建临时工棚；没有生产工具，就像蚂蚁搬家一样从 100 多公里外的茅台搬来；修道路、盖厂房、挖酒窖、制订生产计划、拟订生产工艺，一切从零开始。经过 10 年的努力，9 个周期 63 轮次的实验，终于迎来了国家科委的中试鉴定。严东生、方心芳、周恒刚、沈怡方、曹述舜、熊子书、刘洪晃、季克良、贾翘彦、范德权、丁祥庆等 28 位专家经过认真而谨慎的品鉴，打出了 93.2

的高分，评价试制酒“基本具有茅台酒风格”“质量接近市售茅台酒水平”，认定《贵州茅台酒易地生产试验》（中试）完成合同要求。1985 年 10 月，贵州省科委正式行文“同意鉴定意见”。至此，茅台酒易地试验宣布成功，纯正可口的“茅易酒”也成为市场上的宠儿，给遵义名城增添了一道亮丽的光环。

十年，弹指一挥间。但是对于承担茅台酒易地试验的精英团队来说，斗严寒、战酷暑，付出的是青春年华，付出的是心血和智慧，昔日的荒山野岭，在他们的脚下一天天变样，道路一点点延伸，厂房一幢幢拔地而起，酒窖一个个排列成队，计划在多个人手中修改、完善、实施，茅台酱香的芬芳在名城上空飘荡。对于曾经从荆棘中走来的创业者，这十年充满了艰辛苦涩，取得的业绩多么不易，多么令人难忘。

方毅副总理题赠的“酒中珍品”，含义深刻，既是对易地试验成果的肯定和颂扬，也是对贵州茅台易地试验人的希望和鼓励。怀揣着这样一份浓浓的深情，茅台易地酒更名为“珍酒”，将总理的愿望化为现实，遵义生产的具有茅台酒风格和水平的珍酒带着传奇的色彩，带着名城儿女的深深情意正式隆重推出。

1986 年 6 月，贵州省经委正式下文批准贵州省遵义酿造研究试验基地成立“贵州珍酒厂”，珍酒由此开始批量生产并在市场上逐步走红，成为国家级优质名酒。

图 3-3 珍酒逐渐在市场上走红，成为国家级优质名酒

进入20世纪90年代后，在市场经济的冲击下，珍酒在体制、管理、市场、人才等诸多方面出现了一系列的问题，珍酒的生产受到一定的制约，曾经辉煌的珍酒与其他酒业一样开始下滑。

二

遵义，是红军二万五千里征程中的转折之地。而娄山，自古以来就是商家必争之地，因为它是交通要塞，它是险关隘口，是雄奇、飞腾的象征。红军从这里走向胜利，中华人民共和国的红旗从这里开始招展，在娄山脚下安家，就意味着走向成功，走向幸福。

2009年，华泽集团董事长吴向东走进了黔北的大山，来到了娄山关脚下，住进了转折之城遵义。他以敏锐的视角，选准了静卧在大娄山脚下、高坪河畔的一片厂房，那就是还处于冬眠期的贵州珍酒厂。吴董事长下决心投资遵义，他相信珍酒厂是一条蛰伏在深山的巨龙，只待春潮涌动，一定会腾飞。

图3-4 宗庆后参观珍酒公司（右一陈孟强，右二娃哈哈集团董事长宗庆后，右三华泽集团董事长吴向东）

2009 年 8 月，华泽集团在参与珍酒厂的竞拍中，以 8250 万元全资竞购了贵州珍酒厂，给珍酒厂注入了焕发精神的兴奋剂。从竞拍之日到 2012 年这 3 年的时间里，华泽集团投资 5.2 亿元，兴建了制酒房、酒库、制曲车间、酒体设计中心、办公楼、污水处理站、高端会所，改造了旧厂房、道路，更新了设施设备，珍酒厂的面貌发生了翻天覆地的变化，为后发赶超、走出洼地奠定了坚实的基础。

3 年，在珍酒 30 多年的发展坐标上还占不到 1/10，可在珍酒人的心里，这 3 年就像人生转折一样，实现了跨越式的发展。

图 3–5 华泽集团董事长吴向东与珍酒公司董事长陈孟强亲切交谈

——华泽集团完成收购后，首先组织强大的阵容进厂恢复生产，短短 3 个月，就使已经停滞近 16 年的工厂投入运行，极大地鼓舞了人心。在不到 1 年的时间里，厂房得以重新修葺，厂区环境得以整治，工厂生产井然有序，重新穿上新衣的珍酒（1975）、精装珍酒、珍品珍酒、珍酒 8 年陈酿、珍酒 15 年陈酿、珍酒 30 年陈酿迈着矫健的步伐走入市场。

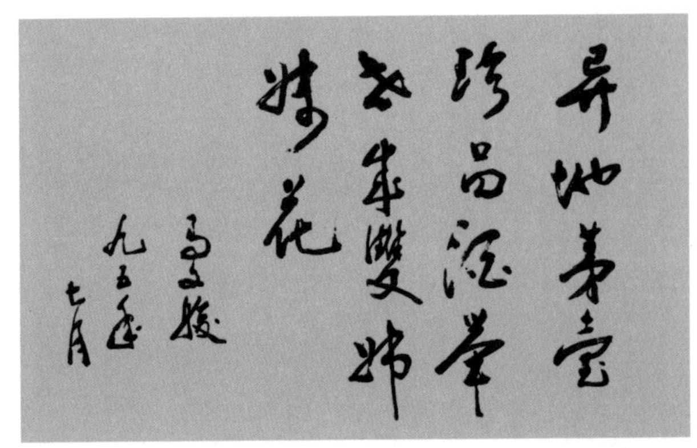

图 3–6 原贵州省副省长、省政协副主席马文骏题词

——创造性提出了“一坚守（坚守中国酱香型白酒传统操作规程）、二严格（严格珍酒生产工艺、严格珍酒生产工序）、三变化（因地域变化而工艺变化、因气候变化而操作变化、因原料变化而配置变化）、四稳定（稳定员工生产情绪、稳定员工生产秩序、稳定员工生产质量、稳定员工生产进步）”的工艺方针，认真学习和借鉴茅台集团的生产工艺，建立和健全《质量管理体系》《环境管理体系》《职业健康安全管理体系》《食品安全管理体系》，确保产品质量。2012 年 9 月，完成“技术标准、工作标准、管理标准”三大标准的制定，自 10 月 1 日正式实施。实施中坚持“走动式”管理，严格工艺监督，及时消除隐患，为产品质量又加了一道保险。

——两年的时间内恢复了 2000 吨酱香酒生产能力，实现工业总产值 1.12 亿元。这一成长速度创造了又一个“深圳速度”，实现了“成长速度”“成长品质”双丰收，为珍酒产品和珍酒市场的“核变量”“珍酒重振”积蓄了后发优势，又一次创造新的传奇。

三

“未来十年，中国白酒看贵州。”这是贵州省委、政府向贵州白酒界发出的动员令。

自 2011 年贵州省委、政府提出将白酒产业打造为千亿元产业后，便很快打出一系列的组合拳。制定了《贵州省“十二五”白酒产业发展规划》《关于促进贵州白酒产业又好又快发展的指导意见》；在仁怀市召开全省白酒产业发展大会；以大会精神为主线，建立贵州省酒业管理办公室；提出了打造白酒产业的七项措施；及时举办规模盛大的酒博会；建立白酒工业园区；确定2015年以前重点扶持的“一大十星”名优白酒企业。贵州珍酒公司名列其中。

在贵州珍酒公司看来，国发2号文件和贵州省一系列的白酒产业发展措施，犹如历史的“催促声”，让他们有了重振珍酒的责任感和紧迫感；一项项国家和社会赋予的荣誉，犹如时代的“呼唤铃”，让他们树立了重振珍酒的自觉性；贵州省“十二五”规划的远景，犹如强心剂，让他们增强了重振珍酒的自信心！

珍酒人懂得，在机会面前，速度是决定“珍酒重振”的必然基础。贵州独特的酿酒环境和工艺，悠久的酿酒传统和文化，赋予了贵州白酒与众不同的“后发优势”。在速度背后，品质是决定“珍酒重振”的必然保障。贵州珍酒公司以健全和完善的现代企业制度、规范的企业行为和稳健的企业精神，立足于精细化管理和细节决定成败的企业成长原则，认真做好每一件事，认真酿好每一瓶酒，认真落实到每一个点，并以担当的精神坚守“诚信至上”的信念，以卓越的企业成长品质确立企业的价值和地位。珍酒人坚信，只要坚持信念，坚定企业价值观，坚守市场竞争观，运用循序渐进的工作方法、水滴石穿的工作哲学，就能成就消费者和社会公众尊敬的企业，就能激发新的潜能，无限创造新的珍酒。

随着贵州振兴白酒产业的战略开启，贵州白酒即将踏上充满希望的新征程。贵州珍酒经过三年的实践探索，更加充满了自信，一幅新蓝图正在珍酒人心中打开：到2015年，年产能力将达到5000吨，储存能力达到10000吨，销售收入达到10亿元，人均产值达到100万元，把“珍酒”打造成为近似茅台的强势品牌，把“大元帅”打造成贵州中低档酱香酒的第一品牌，将企业建设成为集生产、生态、旅游观光于一体的产业基地，让贵州珍酒公司成为一张遵义市生态工业的示范名片。

高山的伟岸是巍然，大海的壮丽是雄浑。珍酒人从赤水河畔一路风尘仆仆走来，带着国酒酱香的风采，酿造的美酒一定能香飘五湖四海，陶醉长城内外。

【本文作者为陈孟强、陈守刚。陈孟强是贵州珍酒酿酒有限公司董事长、总工程师】

2012 年 10 月 26 日于遵义

光阴，雕琢美酒的醇香

真正的好酒能够品出光阴的味道。从最初的选粮入窖，到最后的贮存增香，一颗颗饱满的粮食怀着对时间的虔诚，在光阴的雕琢下逐渐完成生命的涅槃，慢慢地褪去谷物的粗糙，变得醇香芬芳。

在珍酒厂，时间是最朴实的酒师，它融入千百年来代代相传的工艺中，始终默默地、无处不在地呵护和滋养着美酒。

酱香型白酒的酿造具体起源于何时已无从考察。据《史记》记载，早在汉代，勤劳的黔北人民便已经开始酿酒，智慧的开创者们懂得在整个酿造过程中，遵循自然生态，顺应春夏秋冬的自然交替规律，将每一道酿酒工艺与节气变化呼应、交融，方酿成品质卓越的酱香美酒，其细腻优雅、回味悠长的卓越品质，令汉武帝刘彻也大赞“甘美之”！

珍酒的酿酒工艺源于茅台。1975 年，在民间被称为中国酒业“壹号工程”的“贵州茅台酒易地试验厂”建成，为了保证试验的顺利进行，以原茅台酒厂厂长、副总工程师、实验室副主任、老酒师等为代表的 28 名优秀人才被陆续调来。正是这 28 人的到来，不仅带来了酿造茅台酒所需要的原料和茅台酒生产、经营技术，以及经营的组织、管理经验，还带来了正宗的茅台酒酿造工艺。

他们坚守原始的、古老的传统工艺，因地制宜，顺应一年四季的自然交替节律，并与茅台酒一样，以只有在海拔 800~1100 米的黔北高原半坡地带才能生长的糯红高粱为原料酿造，令整个工艺与四季融于一体，堪称天、地、人的和谐统一。

珍酒的酿造工艺完全按照节气变化而进行，端午采曲，重阳投料，一年一个生产周期，全年分两次投料，同一批原料要经过九次蒸煮、加曲，再堆积、入池发酵、七次取酒，再经至少五年的贮存，使得很多高沸点香味物质得以保存，低沸点物质被挥发，酒体变醇和、绵柔，方可以灼灼芳华敬献世人。

在酿造过程中，发酵是第一个环节，也是粮食变化最大的地方。经过精挑细选的粮食，将在这里完成生命中最重要的一次蜕变。

构建珍酒酒窖的砂石是从茅台搬运而来。这些砂石形成于 7000 万年以前的白垩纪，是黔北高原土壤受海拔高度和岩石风化的影响而形成的。其酸碱适度，土体中沙质和砾石含量高，并富含多种对人体有益的微量元素，不仅具有良好的渗水性和透气性，利于窖内温湿度控制，而且具有较大的颗粒缝隙，利于微生物的生长和繁衍。

也正是这些砂石历经了“茅台酒”千年的浸润，带着茅台独特的微生物环境，延续着醇香美酒的千年传奇。

“陈酿增香”与“盘勾调味”，是传统酱香白酒酿造最独特的两个环节，也是珍酒实现“酱香突出，优雅细腻，调体醇厚，回味悠长，空杯留香持久”的卓越品质，以及“基本具有茅台酒风格”与“质量接近市售茅台酒水平”的重要保障。

珍酒是极少数真正纯天然酿造、土法长期贮存的极品酱香白酒。新酒烤出后，需按照不同轮次、不同酒精浓度、不同典型体、不同生产日期进行分类，一律采用传统的陶瓷坛装酒入库长期陈酿。它们静静地来到这里，远离了浮华与喧嚣，只为了完成属于好酒的使命。在长期贮存陈酿的过程中，可以在有效保存许多高沸点香味物质的同时，排除酒的低沸点物质，除去新酒的不愉快气味，减少辛辣味，令酒体日益老熟，香味更丰满协调。

而“盘勾”更是酿造高端酱香型白酒的一种特有工艺，就是指严格要求不能添加任何外来物质，只能将不同轮次、不同酒精浓度、不同典型体、不同生产日期的酒相互勾调，令酒香更加馥郁醇厚；并且只有陈酿期达到 5 年以上的酒，才可以进行成品“盘勾”。

在珍酒人的心中，酿造一瓶好酒需要精湛的工艺，但几十年如一日地酿造好酒，更需要的是一颗执着的心。用静谧的光阴雕琢美酒的醇香是珍酒人无怨无悔的执念。

珍酒：红色情怀

黄先荣

一、藏在山谷中的国家“1号工程”

20世纪70年代前期，中国大地还处于“文革”之中，病中的周恩来总理还在主政国务院，他庄重地发出了关于中国科学研究的一个重要指示。

38年过去了，当年遵义市北关人民公社五星大队（今汇川区董公寺镇五星村）的村民还在说：几十年前，这里有一个“秘密工厂”，村民们从不知晓里面在搞些什么，“只看见北京吉普和卡车经常进进出出”。

可以印证这个“神秘工厂”的还有两位与此有关的人士：一位是时任贵州茅台酒厂党委书记兼厂长的周高廉，另一位是董酒厂总工程师、全国评酒委员的贾翘彦。周厂长说，他那时接到省轻工业厅的电话，要他把茅台酒厂一批精兵强将“放”去遵义参加一项“秘密试验”。贾总工则说，关于这项科研项目，直到20世纪90年代中期，都属于保密性质。

原来，这项“秘密试验”，就是按照周恩来总理1974年的指示以及毛泽东主席“搞一万吨茅台酒”让老百姓都能喝到的心愿（这一年，茅台酒的产量仅为664.5吨），周总理责成国家科委负责此项民生工程，要在异地试制茅台酒，称为国家“六五”重点攻关的“茅台酒易地生产试验”项目。而落户这个项目的地方，当年的建制是遵义市北关人民公社五星大队龙塘生产队，小地名为石字铺。几经变迁，这个地块为今日遵义市汇川区董公寺镇五星村所属，而小地名石字铺却依然如故，只是，它在写法上，有“什字铺”“十字铺”“石子铺”

等几种。红军长征时期，因为语音的关系，都把它误称为“十字坡”了。

这个被称为“秘密工厂”生产的“秘密武器”，曾经叫过“贵州省茅台酒易地试制品”“茅艺酒”“珍酒”等名称。而生产它的“秘密工厂”，是从“贵州茅台酒易地试验厂”到“贵州省遵义酿造研究试验基地”再到“贵州珍酒厂”，现在成了“贵州珍酒酿酒有限公司”。

图 3–7 著名相声表演艺术家侯宝林为珍酒挥毫题词

在历史文化名城遵义市北郊的这个山谷里，传诵着这样一个优美的故事：

远古时，这里是一片贫瘠的土地，当地人靠采集竹笋为生。一个春光明媚的清晨，一位美丽的少女在山上采撷时，发现了一株正在汩汩淌泪的竹笋，出于善心她就守着这株竹笋，不让人采它。

后来，整座山下陷了，留下了一眼清泉。村里老人说，那株淌泪的竹笋，是一条巨龙的角，这条龙为少女的善行所感动，沉入大海后，吐出一股优质的清泉水，遂有了“龙塘”之称。接着，当地百姓用清泉水酿造美酒，这儿就有了酒坊，慕名而至的买酒人络绎不绝。明代张道疑曾在《咏龙塘》的诗中吟道：

或卖痴来或卖癫，谁能识我是神仙，

有人问我家何处，酒醉北郊龙塘边。

这就是流传于龙塘村、石字铺一带的优美传说。

传说归传说，实际的情况的确发生了：1974 年 12 月，根据贵州省轻工业厅、省科委文件精神，遵义市革命委员会下达了在北郊石字铺《关于新建“茅台酒易地试验厂”的通知》，正式开启了国字号科研的“壹号工程”。

据记载，当年选址龙塘村，是因为这里的环境与茅台相似，山清水秀，相对封闭，离中心城区 10 公里，上空无杂尘，少污染，试验需要这样的环境。最后拍板的是一位姓周的海军司令员，当年是三支两军的军代表，在几经跋涉比较之后，这位军人以坚定的手势定位了国家科研工程的选址，也定位了今日珍酒绝好的环境和厂域。

二、史诗遗篇：黔北美酒

贵州珍酒酿酒公司董事长陈孟强先生在他的《酒道：喝酒那些事儿》（北京理工大学出版社出版）中，写到了“酒之魂”，可以使读者深悟其道，他写了酒造精神、酒酿传奇、酒里藏情三章，为我们这一疑问打开一扇洞察奥秘的窗户。

白酒是中国的原创，它既是物质的，也是精神的，它与中国人精神生活紧密相连，它成就了农耕文明的精髓，是中华文明传承的恒久载体。“酒”从一开始就被称为“酒”，直到今天（茶就不一样了，名称变了十几次），几千年的酒文化已渗透在中国社会生活的各个领域，它承载了中国人源远流长的深厚文化。

洁白晶莹、香气馥郁的中国白酒，肉眼看上去就像是一瓶水。中国白酒从来都不是一项单纯的物质与技术发明，它与中国人的精神生活是紧密相连的。

中华民族有五千年的文明史，酿酒技艺也出现了三千多年。

白酒是我国的一大历史遗产，谈论酒必然离不开文化。如果说中国历史上各时代的文明是一颗颗璀璨的明珠，酒文化就是传承这些文明的一条主线。上下五千年，每一个伟大的文明中都包含着酒的文明。在灿烂的文明果实中，隐隐地散发出酒的香味。可以毫不夸张地说，中国文化的发展史，就是一部酒文化发展史。中国经济的发展史很大程度上也是由酿酒工业的发展而推动的。

国家科委关于《茅台酒易地生产试验》鉴定会问题批示的电话记录

时间：1985、10、15下午4时。发话人：国家科委综合局包红。
发话内容：贵州省科委上午来电话请示“茅台酒易地生产试验”鉴定会的级别和鉴定方法问题，经请示局长，现答复如下：

1、“茅台酒易地生产试验”科研项目鉴定会，你们已定在10月21至23日召开，如要作为国家级鉴定，我们还得请一些国内有名的专家，这样时间上来不及了。所以，领导意见，这次鉴定会作为省级鉴定，请你们组织好会议。

2、鉴定方法，除组织单评外，一定要同“茅台酒商品酒对比组织暗评，这样才能取得对比数据。但一定要保密，评定结果可以不公开。如个别评酒委员知道了，也要他们不要扩散，事先要打招呼。

记录人：省科委成果处　郭锡正

贵州省副省长徐采栋同志关于《茅台酒易地生产试验》（中试）项目鉴定方法的批示：

一定要按第二种方法进行鉴定。“一定”两个字是国家科委电话记录稿上写的，否则就违背了原来规定试验目标。另一点也是记录稿上有的，即“一定要保密”。

以上两点请省科委认真研究执行。

徐采栋

85、10、18

•78•

图 3-8 国家科委关于《茅台酒易地生产试验》鉴定会问题批示的电话记录

2011 年 8 月 18 日《贵阳晚报》载文报道“中国酒业的‘1 号工程’”，它的眉题写道：

1958 年 3 月，中央政治局扩大会议在成都市召开期间，毛泽东主席问及茅台酒的生产状况时，对时任贵州省委书记的周林说：“你搞它一万吨，要保证质量。”这番话，后来成就了珍酒——从茅台酒的易地生产试验中成长起来的新名酒。

1974 年，为完成毛泽东主席“搞一万吨（茅台酒）”的心愿，周恩来总理重提此事；1975 年 1 月，周恩来在全国人大四届人大一次会议上，再提“生产万吨茅台酒”。

1981 年 4 月，时任中共中央政治局委员、国务委员、国家科委主任的方毅来石字铺的贵州茅台易地试验厂视察，指示：茅台酒易地生产大有希望，要争取到 1985 年通过鉴定。

贵州省酒文化博物馆原馆长胡云燕告诉记者，1958 年后，贵州曾组织落实茅台酒扩产。但受交通条件等影响，在茅台镇扩大生产规模，显然不现实，于是提出“易地试验”。后来曾任贵州茅台酒易地试验厂厂长的郑光先回忆：这个文件下达后，他和茅台酒厂的副总工程师杨仁勉、实验室副主任林宝财，以及酒师张支云等一共 28 人，被先后派往这个“秘密工厂”，开始易地试验生产茅台酒。而据称，在这之前的多年里，多学科的专家，在中国科学院科技办公室、贵州省科委、轻工业厅等部门组织下，先后在北京昌平、内蒙古、贵州等多个地方“酿造茅台酒”，但均告失败。

1985 年 10 月 20 日，包括中科院副院长严东生，中科院生物学部委员方心芳、中国白酒泰斗周恒刚、酿造专家熊子书，以及季克良等 23 位专家，在贵阳采取与市售茅台酒对比的方式，给“易地茅台”打出93.2分，认为“基本具有茅台酒风格”“质量接近市售茅台酒水平”。但这一结果，并未对外发布。“在我看来，这是保密的需要，也是对科学精益求精的要求。”参与打分的专家贾翘彦说。

大千世界，名物不少，一个小酒，竟牵动上至毛泽东、周恩来、方毅，及张爱萍、王平、彭雪枫，中至省委书记周林及轻工业厅、省科委，下至茅台酒厂有关领导和科技人员，最值得一提的是开创了茅台酒易地试验和贵州珍酒的元勋功臣郑光先。

中国科学院副院长、研究员
严东生同志贺词

贵州省科委：

茅台酒易地生产试验成功，是你们长达十年努力的成果。我向你们、并通过你们向参加这项研究试验工作的同志们表示热烈的祝贺！并预祝你们将来取得更大的成就！

趁此机会，我要对你们过去对我院的支持表示感谢！愿我们未来的合作取得更大的成果！

我因公务缠身，不能前往祝贺，甚为遗憾！祝鉴定会成功！

严东生
85、10、12

中国科学院生物学部委员、研究员
方心芳同志评议意见

易地茅台酒试制数年，现已成功，其主要组成成分与市售茅台酒基本相同，实为佳酿，可喜可贺。

贵州省遵义酿造研究试验基地

方心芳
一九八五年十月
于北京中关村

图 3–9 茅易酒试制成功时严东生贺词、方心芳评议意见

三、珍酒：红色情怀和历史担当

郑光先（1930.10—2005.12），高级经济师，1950年任仁怀银行营业部主任、茅台营业所长，1953年任仁怀县人民银行行长、县供销社主任、商业局长。1958年10月，28岁的郑光先调任贵州茅台酒厂党委书记兼厂长，主持茅台酒厂工作6年，为茅台酒的建设发展做出了重要贡献。1964年“四清”中以“莫须有”的罪名下台，下放车间劳动，从工人干起，一干就是12年。政治上失意，生产技术上却因祸得福，他熟悉并掌握了茅台酒生产的每一个环节和每一项技术，融会贯通，举一反三，为他后来主持茅台酒易地生产试验和贵州珍酒厂的工作奠定了坚实的基础。1975年5月，他被省轻工业厅推荐给省科委，担起了茅台酒易地试验第一责任人的重任。

易地试验厂，前后调来了茅台酒厂的技术尖子，有原副总工程师杨仁勉，原实验室副主任林宝财、酒师张支云等。杨仁勉，1956年即任茅台酒厂生产技术科长，科研室主任，1982年为厂党委委员、副厂长兼副总工程师。《茅台酒厂志》显示，现为中国酿造大师的季克良，1964年9月才到茅台酒厂，1975年才任生产科副科长，1982年才加入中国共产党。林宝财做实验室负责人时，季克良还未任职。史载确证了杨仁勉、林宝财、张支云等人在茅台酒厂科技力量中的中坚地位。由这样一批科技骨干来承担茅台酒易地生产试验（中试）项目，无论在当年，还是用今天的眼光来看，都是无可挑剔的最佳团队组合。

十年寒暑、十年磨励之后，国家组织验收时获93.2高分评定。1985年，茅台酒的产量为1265.9吨，离万吨的要求尚远。后来，眼看周总理的遗愿即将化为宏图，可惜，由于我们无法洞知的原因，试验成功了却不能扩产，本是“茅家人”却又入不了“茅家门”。茅台酒实现万吨已是2004年，距离毛主席、周总理的要求上万吨的指示达30年！拒珍入茅，不知是功还是过？！

早在1982年，珍酒就以“试制酒”的身份，端上了中央领导人的餐桌。同年11月，“易地茅台”获得了第一枚商标——茅艺牌。

1985年11月，根据鉴定会结果，贵州省科学技术委员会正式行文“同意鉴定意见”；至此，“贵州茅台酒易地生产试验（中试）”圆满成功。

1985年12月，时任国务院副总理的方毅在中南海办公室接见了省科委、基地的负责人，并认真听取了中试技术鉴定的情况和结果，在品尝试制酒后，亲笔题词“酒中珍品”，以寄予希望和鼓励。

1986年1月，根据方毅同志的题词，试制酒正式定名为“珍酒”，并经省外贸组织出口。

1986年6月，贵州省经委正式下文批准贵州省遵义酿造研究试验基地成立“贵州珍酒厂”，组织珍酒系列产品批量生产。

1986年，珍酒荣获“贵州省名酒银樽奖”。

1988年，珍酒获“轻工业部出口优秀产品金奖”。

1988年11月，在珍酒贸易恳商会上，时任全国政协副主席方毅赞誉：“珍酒作为茅台酒的姊妹酒，同样可以名扬天下。”

1989年，珍酒在第五次全国评酒会上被评为“国家优质酒”。

1992年，珍酒获“美国洛杉矶国际酒类展评交流会金奖杯”。

1992年以后，珍酒在整个大市场的疲软中仍然艰难前行，也还取得过一些重要成果。

2009年8月，华泽集团成功竞拍收购了贵州珍酒厂，以民族振兴的历史担当精神，珍酒开始了自己的华丽转身，在复兴珍酒三年的伟大航程中书写了新的传奇。

2010年1月，贵州珍酒酿酒有限公司全面恢复运营，珍酒、珍品珍酒、珍酒壹号三款新品上市。

2010年9月，贵州珍酒酿造有限公司旗下的珍酒、大元帅双双荣获“消费者喜爱的贵州白酒”称号。

2010年10月，珍酒恢复1000吨酱香酒产能。

2011年8月，珍酒高调亮相首届中国（贵州）国际酒类博览会，以东道主的身份，引起了与会各界的高度关注。

2011年9月，珍酒恢复2000吨酱香酒产能，并成为第九届全国少数民族传统体育运动会指定用酒。

2011年10月，珍酒冠名张学友二分之一世纪贵阳站演唱会，珍酒品牌的影响力与日俱增。

2011年11月28日，珍酒公司“珍及图”商标被国家工商行政管理局认定为“中国驰名商标”。

2011年12月1日，珍酒公司“大元帅及图”商标被贵州省工商行政管理局认定为“贵州驰名商标”。

从1974年12月“易地茅台”筹建工程破土动工开始到如今，珍酒已经过去了38年。38年弹指一挥间，贵州珍酒为实现伟人毛泽东、周恩来的夙愿（政治情怀），以“本是同根生，不入茅家门”的自强不息的精神（长征精神），以时任国务院副总理方毅题词为激励（国家文化定位），在华泽集团“重振珍酒雄风，打造一个近似茅台接近茅台”的强势品牌战略指引下，坚定信念，水滴石穿，独树酒林，风范永存。

出身名门，情系万家

熊维良

记得元代有个叫刘因的人，写了一首题为《夏日饮山亭》的诗，其中有这么几句：

空钓意钓鱼亦乐，高枕卧游山自前。

露引松香来酒盏，雨催花气润吟笺。

读到此处，心中无限惬意，随即又生出许多感慨。我喜欢钓鱼，很久前就想写篇关于垂钓的文章，可至今未能如愿；我喜欢饮酌，不时有倾吐豪情的渴望，但现在仍没落笔。前不久，我有幸涉足贵州珍酒厂这片芳香的土地，被珍酒的历史和现状深深地吸引了，我为她不凡的身世而动情，更为她骄人的今天而感叹。

一、移来国色香名城

坐落在历史名城遵义市北郊石字铺的贵州珍酒厂，是遵照周恩来总理的指示，于 1975 年在此组建的贵州茅台酒易地试验厂发展而来的。这一历史因素必然注定了珍酒的高品位定位。于是，国酒茅台的窖泥、窖石在这里安了家；国酒茅台的木锨、木车在这里落了户；国酒茅台的生产工艺在这里开辟了新的天地。珍酒经过 10 年的精心研制，经历了 10 年的水与火的考验。

1985 年的金秋十月，历史名城的近郊终于飘溢出了国酒茅台的浓浓酒香。现在的珍酒人仍然忘不了 10 年研制中的 9 个周期、63 个轮次、3000 多次分析试验的漫长与艰辛；更忘不了在北京中南海向中央领导汇报的那份荣耀；永远铭刻于心的是“香味及微量元素成分与茅台酒相同，基本具有茅台酒风格，接近茅台酒质量水平”的那份鉴定结果。

图 3–10 茅台易地试验车间原址

正是有了这样天成的佳酿，1985 年 12 月 21 日，当时的国务院副总理、中科院院长方毅在品尝了这个酒后，便欣然题写了“酒中珍品”四个字，于是源于茅台的这一美酒便有了自己的名字。珍酒的研制成功，完成了周总理的遗愿，告慰了周总理的在天之灵，同时又使珍酒一开始就带有了名门佳丽的色彩，难怪就连著名诗人梁上泉也禁不住题写了这样的诗句：

茅台亲姐妹，珍酒共飘香。

寻醉思佳酿，梦魂绕夜郎。

二、酿得天香醉九州

就这样，源于国酒高贵“血统”，又具有自己独特品质的珍酒，于 1986 年正式由科研转为企业，投入了大规模生产，并于该年底获得了“贵州省第四届名酒”的称号。从此，珍酒以其稳健的步伐，一面提高生产能力，一面提高产品品质。面对珍酒得到的几十项荣誉，谁都能感到珍酒人为此付出的艰辛努力。一路的风雨兼程，一路的坎坎坷坷，珍酒又经过了十多年的市场拼搏，闯过了无数的险关隘口。在周边酒厂纷纷倒下的大背景下，珍酒以其坚实的基础和独特的魅力，仍屹立于娄山关下这块红色的土地上。随着1999年新一届领导班子的组建，珍酒厂又迎来了再一次创业、再一次腾飞的机会。

图3–11 著名相声表演艺术家侯宝林品尝珍酒

1999年，刚上任的新一届领导班子团结一心，将酿酒行业不景气的劣势转化为大力发展自己的优势，及时转变内部管理机制和市场销售机制，增加产品类型，将原来单纯的酱香型产品向浓香、酱香并举转变，最大限度地满足市场需求。在产品销售上，制定“立足贵州，面向省外，开拓海外”的策略，最大限度地拓展市场空间，充分利用名城遵义的历史文化资源，将产品和历史文化紧密结合起来，开发了深受广大消费者喜爱的“遵义号”“大元帅”“小将军”等“珍酒”系列产品，真正实现了“珍酒走进百姓家”。

现在，珍酒除了占据较大的国内市场外，还远销到了日本、新加坡、马来西亚等国外市场。这正如著名书法家李铎“珍酒名传四海，酿乡通惠九州”的题词一样，珍酒这股源于黔北大地、尽享伟人关怀、浸透珍酒人智慧和艰辛的玉液琼浆，真正地飘香九州了。

图 3-12 陈孟强（右）在参观学习

珍酒赋

中国珍酒藏期长，生态源，不寻常。琼浆玉液，比異国酒双，孟强酿酒弥天香，仙露水，精细粮。酒精沙场迷人想。不辣喉，健胃腸。邀月共饮，空杯香绕梁。玉盘珍馐晶樽杯，留一滴，家珍藏。——秦仁智（求事杂志）

中国珍酒（纪实文学）

傅治淮

金色十月，历史名城遵义繁忙而祥和，这是宜居、宜业、宜游的城市，也是文明亮丽的历史名城。大街上车水马龙，高楼里井然有序，湘江河岸处处彰显出吉庆与和谐。醉人的风从南面吹来，就在这暖人的时节，我来到了贵州珍酒酿造有限公司。

陈孟强，公司董事长，墩实的身材，沉稳的步伐，和善的目光，儒商的风度，谦虚的微笑，诚恳的言谈，一接触就感受到他是一个值得信任的人。随着他的带领，我们走近了珍酒。

几年前，我和朋友们曾来这里采访过，今天的厂区生机勃勃，清洁有序的环境让人刮目相看。听介绍，走车间，谈话的席间，端起珍酒，一股扑鼻的香味弥漫在空间，呷一口，再呷一口，朋友嚷道："这酒应该叫'中国珍酒'。"

是随口一说？还是心底的赞美？朋友的话让我再次走近了珍酒……

一

"中国珍酒"，这个说法并不过分。第一，这是中国的酒。第二，茅台是国酒，珍酒是易地茅台。第三，也就是最重要的一点，这酒有中国第一代领导人的关怀，有国务院副总理的关心，是通过全国人大举手了的，是由中科院实施的科研项目，朋友所说"中国珍酒"应该不会错。

中国珍酒，自然有其特点和品位。

这是公司档案柜里保存的一份珍贵的技术鉴定书，组织鉴定的是贵州省科学技术委员会，成果是贵州茅台酒易地生产试验，研究试验单位是贵州省遵义酿造研究实验基地，时间是 1985 年 12 月 23 日。发黄的纸上，是当年全国一流的评酒权威的鉴定：色清、微黄透明、酱香突出、幽雅、酒体较醇厚、细腻……空杯留香幽雅较持久，鉴定酒质量接近市售茅台水平……

如此佳酿，对于刚刚进入改革开放开始略有积余的中国人来说，就好比雪中送炭。一时间，以国务院副总理题词而得名的茅台易地酒——珍酒被当作佳酿出现在大江南北，被当作珍品走到了海外。

这就难怪了！原国务院副总理、全国政协副主席，国家科委主任方毅为珍酒题词“酒中珍品”；杨成武将军和贵州珍酒厂厂长在贵州名酒节上合影；李德生将军和贵州珍酒厂厂长在国际诗酒节上合影；张爱萍将军为珍酒题词；全国人大常委会副委员长严济慈为珍酒题联——遵义山水甲仁怀，奇珍佳酿赛茅台；原全国政协副主席张思卿为珍酒题词——珍酒情深；原贵州省省长周林题词——周总理夙愿化天香。

见怪不怪，老诗人艾青写出了《大堰河，我的保姆》这脍炙人口的赞美诗，同时用他的笔喊出了“珍酒万岁”；著名相声演员侯宝林为其留下了“酿乡明珠”的墨宝。

党和国家领导人对珍酒的厚爱，是中国珍酒的幸运，诗人、艺术家对珍酒的褒扬，是对珍酒的赞美；消费者的口碑，是对珍酒的认可和喜爱。

珍酒出名了，它与董酒、习酒等贵州名酒并驾齐驱在中华人民共和国的土地上，快速地享誉国内外，受到国内外各界人士的喜爱和好评，声誉与日俱增，被人们公认为贵州茅台酒的姊妹酒。

也就在农村经济体制改革取得成效，农民朋友过年过节以此为珍品祭拜祖先、招待亲朋、慰劳自己的时候，也就在主人家从小车里走出在宴会上用珍酒招待国内外宾客的那些日子，董公寺坳上这片弥漫着酒香的土地开始冷清了。

二

是改革遗忘了这角落？是珍酒人不会算计？是珍酒人不懂市场经济？不！是时势、是大局，运转资金的不足，扩大再生产的无力使得珍酒人显得“手长衣袖短”。正是这样，经济效益的连连下降使得工人的工资还没有市里擦皮鞋的川妹子的收入高；当年从赤水河畔入遵的 28 员大将不少人家的餐桌上菜蔬没有跑出租车的人家丰盛。董公寺惊愕了，湘江河不理解了，工人们更是百思不得其解。

黔北的冬夜是漫长的，守着火炉，老工人们在回忆，在期盼。

这可是党和国家领导人关心的企业呀！这可是按照毛主席的想法办起来的厂呀！这可是周总理关注的事呀！这可是全国人大举手、方毅副总理一直牵挂的呀！

工人们不会忘记。1958 年 3 月，中共中央政治局扩大会议在成都召开期间，毛泽东主席在与中共贵州省委书记、省长周林交谈时，提出“茅台酒何不搞它一万吨 ”的宏伟构想。在毛泽东主席的这一大胆设想之下，北京、内蒙古、贵州等地都先后进行了茅台酒易地试验，结果无一成功。时隔 17 年，1975 年 1 月，第四届全国人民代表大会第一次会议召开，周恩来总理再次提出了“生产万吨茅台酒”的提案，得到会议通过，确定由中科院负责实施，定名为《贵州茅台酒易地生产试验》(中试)，并列入国家重点科技项目。

那是多么热血沸腾的年代呀！为了毛主席的期盼，为了周总理的提案，为了全国人大的决议。28 个热血汉子抛家离子来到了遵义市北郊扎下了营盘，一批批建设者来到这里开始试制茅台酒。

那是多么激动人心的时刻呀！经过 10 年的努力，9 个周期 63 轮次的试验。经过与严东生、方心芳、周恒刚、沈怡方、曹述舜、熊子书、刘洪晃、季克良、贾翘彦、范德权、丁祥庆等 20 多位专家经过认真而谨慎的品鉴，得出了“试制酒基本具有茅台酒风格”“质量接近市售茅台酒水平 ”的鉴定。

茅台酒易地试验宣布成功，研究所陶醉了，酒厂沸腾了，人们奔走相告，人们欢呼雀跃。鞭炮响后，纯正可口的“茅台易地试验酒”也成为市场上的宠儿。

人们至今还在相传，1988 年 11 月，全国政协副主席方毅、轻工业部副部长康仲伦、商业部副部长姜习在珍酒贸易恳商会上听取贵州珍酒厂厂长郑光先汇报工作后方毅副总理的那段讲话录音：“我之所以要来参加会议，是因为贵州又生产出了一种酒，我喝了一小杯，口感好……”

珍酒成了遵义的又一骄傲，也成了珍酒厂工人的骄傲。那年月，谁家没有十瓶八瓶的，那时候，每天进进出出的大卡车是何等的热闹，那些岁月里，生产车间的炉火是那样的红，人们工作的劲头是那样的足。而今天，这又是怎么啦？厂房租给了别的窖酒厂生产酒，租给了搞海绵加工的创利，租给了生产黄酒的做厂房。

是那种“破帽遮颜过闹市”的羞涩，是那种“貂裘换酒也堪豪”的尴尬，是那种守着河水喊口干的无奈。此时的珍酒厂，蓬蒿遍地，窖坑荒芜，车间滴漏，厂区破败，寒风中，有人拉起了电影《闪闪的红星》里“岭上开遍映山红”的曲子，曲子声中，有人流下了伤心的泪水。

三

符合那种“忽如一夜春风来，千树万树梨花开”的比喻。2009 年，华泽集团董事长吴向东走进了黔北的大山，以 8250 万元全资竞购了贵州珍酒厂，从竞拍之日到 2012 年三年的时间里，华泽集团投资 5.2 亿元，三年的时间，使珍酒厂实现了跨越式的发展。

你不得不佩服那个叫吴向东的人。一壶金六福，神州竞风流。他慧眼识英才，一个叫陈孟强的人进入了他的视线。没有萧何月下追韩信的夸张，但有三顾茅庐的痕迹。不敢与淮阴侯、相父的功劳相比，但他实实在在是不辱使命，大任担当，一步一风流，使得中国珍酒昂起头，挺起胸，独树酒林，成了中国酱香第二，同时也成就了中国饮食文化的风流。

陈孟强，赤水河畔的儿子。其老家仁怀马桑坪，不但是川盐入黔的要道，更是酿酒之乡。受家乡酿酒文化的熏陶，他从小就对酿酒产生了兴趣。苞谷酒为什么刺喉咙？高粱酒为什么好喝？有时他会对父亲提出一连串关于酒的问题。问得多了，懂得也多了，随着年龄的增长，酒也喝得多了，高中毕业的陈孟强回到了老家。

在老家的日子，是他展露领导才能和组织才能小试牛刀的黄金时期。同样是“农业学大寨”，同样是“多种经营”，同样是“以粮为纲，全面发展”，他们生产队种的高粱、棉花，亩产比别的地方高，亩产皮棉 40 多斤，年终分红一个男劳力分得了 1000 多元。1000 多元，对于那些分几十元、100 多元的生产队来说，简直就是天方夜谭。舀来寨子里甑上烤出的热嘟嘟酒，杀掉一头肥猪，庆祝分红的父老乡亲端着酒碗尝试着简单共产主义的滋味。

不是马桑坪留不住陈孟强，而是社会需要像他这样的人“站出来”。不久，茅台酒厂的大门向他敞开。

这就是茅台酒厂，往常进城时路过这里，不管是在客车上，还是步行，这段河岸飘出的酒香都能让他醉一回，往常下班工人嘻嘻哈哈的笑声都能吸引他，往常关于茅台酒厂的故事时时都在自己的脑海闪现。而眼前，自己就是一名茅台酒厂的工人了。抻了抻天蓝色的工作服下摆，他有些不敢相信眼前的情景。

铲扬铲，背酒糟，二十出头的马桑坪小伙很快成了一名名副其实的工人。1979 年，他挑起了一个酿酒班班长的担子。班长的职务，是集责任与工作强度于一身的职务，苦点累点不算啥，只要安全生产，只要班内兄弟团结，只要能保质保量出优质酒，就算一天工作再累，他都心甘。爱动脑筋、勤于学习、善于总结，这是陈孟强睿智的体现。一甑下来有多少酒，这甑酒用了多少燃料，他的笔记本上密密麻麻记录着。

一分耕耘，一分收获。1982 年，陈孟强出任制酒三车间副主任，领导改造三车间行车滑轴线获得成功，荣获省总工会“五小”发明奖。为实现优质、高产，带领制酒十九班开展 QC 活动，通过一年多的努力，十九班实现酱香酒全厂第一，该项成果被茅台酒厂推选出在省经委、省质量管理协会组织的 QC 成果发表会上发表，获省总工会、省经委、省质量管理协会等的颁奖。

机遇总是偏爱那些勇于付出的人。1984 年，陈孟强担任了生产技术科副科长一职。这期间，为了完善制酒、制曲的工艺技术规程，他深入制酒、制曲车间认真调查研究，收集了上万组数据，掌握了第一手资料，修订了《制酒、制曲操作作业书》，同时，成功地完成了贵州省轻工业厅下达的《茅台酒厂生产计划报告书》。

“生于忧患，死于安乐。”工作中，陈孟强服从安排，不惧怕“苦其心志、劳其筋骨”。1988 年，茅台酒厂针对 20 世纪 80 年代中期茅台酒生产停滞不前，乃至完不成国家生产计划的严重局面，陈孟强被领导安排担负起了茅台酒厂扩改建 800 吨 / 年投产领导小组组长的重任，指挥 800 吨 / 年的投产工作。在投产准备期间，为了继承茅台酒传统工艺，又要确保投产质量，他夜以继日，在充分调研、思考、总结的基础上，对其工艺大胆创新，提出了“不同区域环境对茅台酒生产影响的探索”“茅台酒窖池改造的方案”“茅台酒投料水分的适当应用”“茅台酒用曲比例的合理配制”等课题，经过边实践边探索的努力，取得了前所未有的成效，创造了茅台酒厂新投产厂房当年实现优质高产的硕果，为该厂“八五”计划新增酒厂 2000 吨创建了工艺、设备、生产等良好的开端，更为实现茅台酒生产 10000 吨夯实了基础。

“酿造大师的品格是纯酒的清冽和甘醇品质锻造出来的。”1989 年，陈孟强获得北京经济管理大学毕业证书，在后来的日子里，他正式担任制酒四车间（原 800 吨工程）主任兼党支部书记。从 1989 年到 1993 年，他认真研究茅台酒生产工艺，认真分析茅台酒生产操作规律，进行多种实验均取得了成功。特别是在“用曲比例的实验”“小堆积发酵”“合理投入水分”“窖内温度变化的控制”“如何提高二轮次酒产量”等方面做出了不懈的努力，开辟了确保实现优质、高产、低成本的先河，为茅台酒厂的扩建、壮大打下了良好的基础。5 年的试验共产茅台酒 4105.37 吨，超产 637.57 吨。茅台酒厂总工程师、厂长季克良曾评价说：“陈孟强同志对茅台酒 800 吨 / 年工程一次投产成功和连年创优有重要贡献，在酿酒领域有开拓性成就。用理论指导实践，对于茅台酒厂不同地域环境的微生物生长，通过主观努力，用科技手段使微生物适应生长环境，从而为茅台酒生产创造了有利条件。为茅台酒生产任务作出了很大的贡献。”

季厂长的话，是对功臣的肯定，不代表历史对某一时段某一个特别有功之人的记录。1998 年获得贵州大学经济系毕业证书的陈孟强，2002 年 4 月出任贵州茅台酒厂技术开发公司党委书记、副董事长、副总经理。从那个时候起，他就提出“情商”原则和“诚信为本”的经营理念，以“发展、创新”为主题，大胆地对公司内部管理进行了整顿，大胆改革创新，公司一年上一个台阶，到 2007 年，技术开发公司的开拓者们把公司推向发展的更高峰。全年实现生产量 5300 吨，同比增长 38%；完成销售量 4950 吨，同比增长 60%；实现销售收入 1.2 亿元，同比增长 41%；实现利润 3925 万元；上缴税金 3300 万元，同比增长 38%；利税总额 7346 万元，同比增长 99%；人均创销售收入 46 万元，同比增长 43%；人均创利税 28 万元，同比增长 100%；人均收入 41528 元，同比增长 6.2%；公司总资产 1.95 亿元（不含持股）。

这就是陈孟强，一个“奉献茅台，成就自我”的人，试想，如果没有那个挑灯夜战克难攻坚的马桑坪汉子，那些一个个提高经济效益的关键技术指标能出来吗？如果不是那个同志敬业爱岗，勇于探索，克难攻坚，没有他般的努力，5 年的试验期中产茅台酒 4105.37 吨，超产 637.57 吨的奇迹会出现？如果没有那个献身事业、奉献茅台的人，“不同地域环境的微生物生长通过主观努力用科技手段使其适应生长环境”的理论能成立？茅台酒厂会因此而产量倍增？正是如此，陈孟强才赢得了茅台人的信任和支持。也正是由于他在茅台的成功经验，才奠定了中国珍酒的辉煌。

蓦然回首，让人不得不佩服吴向东百里挑一的眼光。

四

茅台幸有陈孟强，茅台武装了陈孟强，陈孟强回报了茅台，茅台成就了陈孟强。就在这历史的巧合中，陈孟强把本领献给了贵州珍酒酿造有限公司。

就在吴向东与陈孟强两双大手紧紧握在一起不久，陈孟强以顾问的身份来到了董公寺。没有鲜花，没有欢迎仪式。迎接他的是陌生的目光和百废待兴的事业。

心中装着当年老一辈无产阶级革命家对珍酒的厚爱，装着珍酒当年的雄风，装着华泽公司的希望，装着酒厂 800 多名员工的面容，装着珍酒的昨天、今天与明天，装着“让每一位消费者，在每一个享受幸福和期盼幸福的时刻，喝上幸福美酒的企业愿景”的良好企盼，陈孟强没有让大娄山失望。

英雄自有英雄的剑道，儒商自有儒商的风范。3 个月，短短的 3 个月，炊烟在修葺后的厂房上飘荡，美酒在重开的甑边流淌。不到 1 年的时间里，厂房换新装，厂区环境得以整治，工厂生产井然有序。面貌一新的新装珍酒、精装珍酒、珍品珍酒、珍酒 8 年陈酿、珍酒 15 年陈酿、珍酒 30 年陈酿迈着矫健的步伐走入市场。

遵义的农民善良，即使在1959年那样的年月，也念念不忘赞颂的口号。遵义的工人也善良，市场经济浪潮下他们更多的是听政府的话。珍酒酒厂工人也不例外，春雷的轰鸣复苏了路边的柳条，他们兴奋了，他们爆发出了极大的工作热忱，而工资的质变，更使得他们铆足了劲儿。保质保量，加班加点，生产力水平在这撂荒多年的土地上得以迅速提高。

就像要弥补珍酒一样，慈祥的空间和时间爱抚地回报了珍酒。两年的时间内恢复2000吨酱香酒的生产能力，实现工业总产值1.12亿元。这一成长速度创造了又一个"深圳速度"，实现了"成长速度""成长品质"双丰收，为珍酒产品和珍酒市场的"核变量""珍酒重振"积蓄了后发优势，又一次创造了新的传奇。

这期间，作为顾问的陈孟强可谓呕心沥血。

在工艺的标准上，陈孟强提出了"一坚守、二严格、三变化，四稳定"的指导思想。这个指导思想解释为"坚守大曲酱香酒的生产工艺""严格执行工艺标准和操作标准""注意海拔、气候、温度的变化，因地制宜对工艺参数作一些调整""稳定员工生产情绪、稳定员工生产秩序、稳定员工生产质量、稳定员工生产进步"。

这不是简单的数字的排列和政坛上讲稿的组合。这"一、二、三、四"的方针，是稳定剂，更是催化剂。正是这"一、二、三、四"，"窖坑尘封蜘鼹欢"的企业才能在短时间内发生翻天覆地的变化。"借得瑶池酿香醪"的珍酒酒质才得以稳定、提高。

出台三大标准，陈孟强重视管理技术。

技术标准，是指技术规范，技术的方向，载体是技术性文件。

管理标准，是指工厂内部的管理，从考勤到科研，从车辆到安全，事事周到。

工作标准，部门开什么会，工人该干什么，界定得清清楚楚，职责非常明确。

管理是企业生存、发展的基础，各司其职，各尽所能，责任到部门，责任到人，传承发展，在新瓶装老酒的基础上完善自己的管理模式。

在营销上，陈孟强提出了服务营销的要求，他要相关人员做好售前、售中、售后服务。做到“三声”（来有迎声、问有答声、去有送声），做到“五到”（身到、心到、眼到、手到、口到），做到“六心”（贴心、精心、细心、关心、耐心、热心），对客户一视同仁，不厚此薄彼。为客户提供优质服务。别小看“服务营销”的理念，在企业还没有迈出巨人般的步伐之前，客户是上帝，即使企业如日中天，客户依然是上帝。

让员工成为企业的主人翁。公司加强企业文化建设，在员工中大力宣传企业精神和核心价值观，广泛开展“诚信经营”理念教育，开展安全生产、法制教育，开展技能大练兵，让广大员工树立紧迫感和责任感；与社会各界广泛交友，多渠道加大珍酒美誉度的宣传，加大人才引进和培训力度，努力建设优秀团队，努力把传统工艺、先进方法代代相传，为珍酒公司后继有人、长期发展、提高产品质量各尽所能，为珍酒后发赶超积蓄实力。一路走来，陈孟强风尘仆仆、信心百倍。

重视人才，陈孟强可谓“不惜千金买宝刀”。对厂里的大学生，他不但从思想上、生活上关心他们，还从技术上、管理上关心他们，情感上掏心窝子与他们交朋友。大学生进厂，第一步就是先到制酒车间干，然后再去大曲车间或者酒库干。然后定岗定员，并由专人带，手把手带。对大学生进行品评酒培训，一周两次，30 多个大学生都参加。陈孟强是高级酿造工程师，全国第五届酿酒行业职业技能鉴定考评员，每次大学生品评酒后，他都会告诉大家，这酒是什么味道，这个味道是在什么生产环节下产生的，这个味道偏苦是哪个环节出的问题。还会讲这个酒的工艺，讲这个酒的特点。

人才是珍酒的希望，是珍酒的质量，是珍酒的市场。正是抓了人才的培养，正是抓了充分发挥新老人才的作用这条线，一路走来的陈孟强才风调雨顺，一片艳阳。

情商加管理，这是陈孟强经营贵州珍酒酿造公司公开的秘密。每天早上，只要不出差，他第一个来到厂区，或在大门口友善地朝工人们一笑，或在车间门口与早到的工人拉话。上班了，30多个班组，他几乎个个走到，与工人交谈，发现问题后不露声色背着工人找车间主任谈。于是，全厂的工人认同他，接纳他，尊重他。在员工心目中，他不是领导，而是朋友，是长辈。大家有什么话都愿意与他说。他在群众心目中是不是领导的领导，是没有领导地位的领导，他是真正的领导。

经常请大学生聚会，在食堂，在会所，在餐馆，你会见到珍酒厂的顾问和他的部下们谈笑风生。而亲和力、凝聚力就在这笑声中产生，中国珍酒也就在这笑声中复苏、壮大。

26岁的陆安谋是贵大生物工程系的毕业生，2009年招聘进厂。2002年9月8日，第二届贵州酒博会举行，赵克志省长出席晚宴，陆安谋代表珍酒公司参加。席间，一家大型酱香酒企业的老总问小陆桌上摆的酒是哪年的，特点是什么，风格是什么，陆安谋回答得毫厘不爽。这个在国内小有名气的老总吃惊了，他与小陆商议，出12万元的年薪去他那里工作，小陆婉言谢绝。当我向小陆问起时，他回答得很简单：陈总的人格魅力不允许我走。

“问渠那得清如许，为有源头活水来。”这是情感管理的结果，这是诚信的回报。3年来，技术力量进一步加强，人才培养取得实际效应，技术队伍进一步壮大。3年共申报41项专利，已获得批准39项。

珍酒不是陈孟强的，是遵义人的，是贵州的，是中国的！是年青一代的。很快，陈孟强成了年青一代敬爱的人，成了珍酒的精神，成了珍酒的形象。

五

华泽集团成功了！贵州珍酒酿造公司成功了！陈孟强成功了！

一车车原料从祖国的四面八方，来到了遵义北郊的董公寺贵州珍酒酿造公司，一车车珍酒从这里走向大江南北，一个个专卖店开起来，一份份经销合同签起来。

2009年12月，珍酒“珍及图”商标经贵州省工商行政管理局评审，被认定为“贵州省著名商标”；2011年11月，珍酒“大元帅及图”商标再次被贵州省工商行政管理局认定为“贵州省著名商标”。

2010 年 9 月，在遵义召开的中国（遵义）酒类博览会上，珍酒以浓厚的酒文化底蕴、优异而典型的白酒质量风格，深深吸引住了消费者的眼球，牵动着消费者的心灵，大元帅酒系列、珍酒系列分别荣获“醉美贵州——消费者最喜爱的贵州白酒”称号。

2011 年 11 月 28 日，在“中国驰名商标”评选中，珍酒“珍及图”商标被国家工商行政总局认定为中国驰名商标。

2012 年 3 月，贵州珍酒酿造公司以白酒优秀企业身份昂首走进德国杜赛尔多夫国际酒类专业展厅，见证了每年一度的全球酒界盛会。同月，又被特邀参加“好酱酒出贵州”中国酱酒（贵州）产区论坛会，与北京白金至尊酒业有限公司、贵州安酒集团公司、贵州茅台集团习酒有限公司、贵州海航怀酒酒业公司等多家精英团队共同研讨贵州酱香酒的发展大计。

2012 年 6 月，在苏州召开的中国食品工业协会白酒国家评委年会上，珍酒名列前茅且 53 度酱香型精装珍酒“凭借酱香馥郁、优雅圆润、醇厚味长、空杯留香”的卓越品质一举夺冠，荣膺 2012 年度中国白酒国家评委感官质量奖。

2012 年制酒生产实现 1440 吨，比计划多产 404 吨，3 年累计超产 1004 吨，实现利税 5200 万元，提前完成了 4 年的工作任务。

2012 年，珍酒获得“贵州省名牌产品”荣誉称号。

3 年来获得“中华人民共和国六十年最具综合实力领军企业”“改革开放三十年中国酒业之经典企业”“中国优秀企业”“全国消费用户满意单位”“中国诚信企业家”等荣誉。

3 年的脚步铿锵有力，3 年的乐章充满生机。珍酒人用实实在在的行动，践行着科学发展观。而陈孟强进厂时“让每一个消费者，在每一个享受幸福和期盼幸福的时刻，喝上幸福美酒”的企业愿景和良好企盼也实现了。

10 月的遵义，太阳照在人的身上暖融融的，湛蓝的天空少有云彩。呷一口茶，陈总平静地说：“珍酒的成功，是华泽集团总裁的英明和公司集体领导的结果，是市委、市政府支持的结果，是全厂科研、技术人员和工人辛勤劳动的结果。2015 年，公司年产能力将达到 5000 吨，储存能力达到 10000 吨，销售收入达到 10 亿元，人均产值达到 100 万元，我们将把‘珍酒’打造成为近似茅台的强势品牌，把‘大元帅’打造成贵州中低酱酒的第一品牌，将企业建设成为集生产、生态、旅游观光于一体的产业基地，让贵州珍酒公司成为一张遵义市生态工业的示范名片。”

5000 吨，每个中国的成年人都能够喝上一壶的。能喝上，因为价格是中国大众能够承受的价格，质量是国酒的易地试验成功产品；因为这里经营着诚信，播种着希望。5000 吨，这个数字和那天陪我进厂的朋友“中国珍酒”的谶言不谋而合，难道是老一辈无产阶级革命家的庇护？是和谐社会的呼唤？难道是天意？

走出贵州珍酒酿造公司大门，我想了很多很多，无意间将陈孟强扯到了 1945 年在延安发表《为人民服务》的那位湖南汉子和他的战友们身上。他们所做的，是为人民谋利益，陈孟强作为一名普通的共产党员，他所做的，是不是也是在为人民谋利益呢？念叨着“中国珍酒”这个名字，我来到了公路上，夜幕下的遵义城，灯火辉煌，依旧车来人往。晚风吹来，人心里暖暖的，从这个企业身上，我想到了产业兴邦，想到了民富国强……

（作者系《中国作家》特约作家）

大国情怀酿美酒

陈守刚

山的阳刚，水的温柔，

赤水河畔回荡浓浓乡愁。

红高粱甜美了岁月，

大国情怀匠心酿造美酒。

美的追求，情的坚守，

红色高原演绎世纪风流。

追梦人不息拼搏，

飞天之歌五洲四海弹奏。

啊，香自天成，茅台美酒。

一杯装道义使命，

一杯装乾坤锦绣，

真诚奉献大国情怀，

继往开来天长地久。

陈守刚，中国音乐文学学会会员，中国散文家协会会员，贵州省音乐家协会会员，遵义市音乐文学学会会长，遵义市爱国拥军促进会常务会长。爱好歌词写作，著有歌词集《春之梦》，文史出版社出版，小说《岁月泪》，四川人民出版社出版，纪实文学《遵义记忆中的女红军》，云南人民出版社出版。歌曲《妈妈的花背带》获全国第七届少儿歌曲金奖，《红红的飘》获全国广播新歌二等奖、贵州省政府文艺奖，《凤凰山上的红军魂》获遵义市政府文艺奖、多彩贵州创作奖，“向祖国汇报”及第一、第二、第三、第四届唱响中国歌词金奖。

藏在岁月长河里的珍酒

王泰龙

当我今天再度举起酒杯畅饮珍酒时，不禁感叹，酒与人何其相似，也要经历“宝剑锋从磨砺出，梅花香自苦寒来”的过程。

一个周日的晚上，父亲从卧室里翻出一瓶珍酒，问我：“你还记得这瓶酒不？”我接过来端详了一阵，摇摇头，这瓶酒估计有些年头了，酒瓶的包装纸都已经泛黄。“这是你当年参加工作，第一个月领到工资后给我买的。”我吃了一惊，没想到老头子保存了整整10年。“不是早就喝完了吗？”父亲看着我说：“那一瓶早就喝完了，这一瓶我一直留着，想看到你真正‘有出息’以后再喝。”听了父亲的话，我突然有些惭愧，我真的“有出息”了吗？

10多年前，还是一个青涩少年的我，因为在就业道路上的屡遇挫折，正在品尝命运的残酷。当看着身边的同学一个个顺利地进入政府机关或企业时，我只能埋怨自己当初为什么不托生在一个富贵之家。就像我的一个大学室友酒后吐的真言：“一个有本事的爸爸，至少可以让后代少奋斗10年。”可惜的是，我的父母都是普通的老百姓，是所谓的“草根阶层”。

大学毕业前夕，看着身边的同学都有了不错的归宿，我也开始着急了，写了一封长长的信给父母，希望他们“脚趾能够抓紧点”，因为他们亲爱的大儿子我正在为就业而发愁。然而当我假期兴冲冲地回到家中，父亲却当头给我泼了一瓢冷水。他们有这份心却没有这份力啊，就是托关系都找不到门路。为这个原因，很长一段时间，我对父亲产生了敌视的情绪，总觉得父亲没有本事，才造成儿子今天的困境。

两个月后，母亲所在的一家私营企业收留了我，打起背包，我到了这家私营企业在绥阳的分厂。因为专业不对口，环境很艰苦，可想而知我十分消沉。发工资那天回到家里，我拿出300元工资给妈妈，叫她给我存起来。妈妈说：

“你给爸爸买瓶酒吧。”“他不是不喜欢喝酒吗？”我不情愿地咕哝了一句。妈妈似乎看穿了我的心思，对我说：“他喝不喝是一回事，你给他买，是你的心意。”

说真的，这点钱也买不起昂贵的酒，更何况因为工作的事情我与父亲一直有些隔阂。正当我在一家烟酒店徘徊良久无从下手的时候，老板娘过来问我给谁买酒，我告诉她后，她从酒架上取下两瓶包装并不起眼的白酒，向我推荐：“这酒不错啊，和茅台酒几乎就是一个味道，是当年茅台易地生产的白酒，价格也要便宜很多，最适合送给长辈了。”我将信将疑地接过酒，旋开盖，把瓶口凑到鼻端深深地嗅了嗅，一股沁人的酒香，让我记住了这酒的名字——珍酒。

晚饭时，我把这两瓶珍酒递给了父亲，父亲脸上先是惊愕，接着竟有几分激动：“好好好，我的儿子长大了。”父亲当即打开一瓶酒，小心翼翼地倒在两个小酒盅里，然后将其中一杯递给我，似乎是一种成人仪式。我接过酒后一饮而尽，当酒液缓缓地流进胃里时，我全身的血液似乎也被酒点燃了。那天晚上，父亲和我谈了很多，我记得最清楚的是他说的这句话：“一个人走的路，是踩在自己的脚下，靠着别人的帮助是永远都不会有出息的。”

那天父亲只喝了一杯酒，就把酒瓶收了起来。每个星期六我从绥阳回到家中，妈妈就会悄悄告诉我，我不在的时候，爸爸每天晚上都要“咪”一小杯。这样断断续续地喝了一个多月，父亲才把那一瓶珍酒喝完。剩下的那瓶珍酒父亲怎么也舍不得喝，一直藏在柜子里。我问他为什么不喝，父亲笑着说：“这可是好酒呀，等留到过年再喝。”

没想到，9 年后的今天，父亲会突然拿出当年我送给他的珍酒。望着这瓶早就被我遗忘的珍酒，我仿佛进入了时间隧道，当年那个懵懵懂懂的青涩少年，如今已经成家立业，还做了一家报社的记者。望着父亲脸上的皱纹，我突然对自己的“草根”爸爸萌生敬意。

当我今天再度举起酒杯畅饮珍酒时，不禁感叹，酒与人何其相似，也要经历“宝剑锋从磨砺出，梅花香自苦寒来”的过程。但是无论逆境顺境，相信是金子总会发光。是好酒，哪怕藏在深街陋巷，它的香味也会穿越岁月的长河直抵人心。

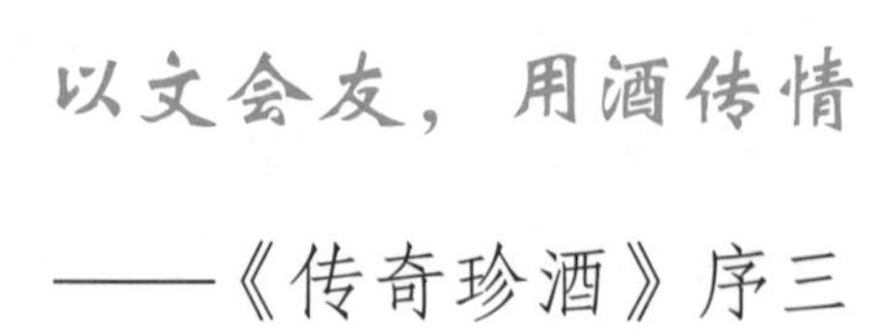

以文会友，用酒传情

——《传奇珍酒》序三

陈孟强

遵义的五月，绿树成荫，繁花正茂。

每当清晨，我都习惯在花园式的厂区里散散步，闻闻花香，与熟识和不熟识的工人打个招呼，听他们哼着小调上班，享受着空气里醇香的味道。我想，这也许是人生的一大乐事。

出生在酒乡仁怀，成长在茅台，退休以后被“诚邀”到珍酒发挥余热，可以说我这一生都在与酒打交道。特别是在茅台酒厂，我从一线工人做到企管部主任、800吨投产领导小组组长，到技术开发公司党委书记、副董事长、副总经理。40年中，我为茅台发展出了力，同时茅台也成就了我。在无数次酿酒、调酒、品酒、饮酒中，我不仅体验到了“举杯邀明月，对影成三人”的人生境界，还曾在无数舞台上“煮酒论英雄”（详见我于2012年公开出版的《酒道，喝酒那些事儿》）。

我深爱着生养我的那片黑土地，土地上生长的红糯高粱，给予我饱满的奋发激情；蜿蜒曲折的赤水河，鞭策我为事业和生活而努力奋斗；蔚蓝天际洋溢着的芳香，让我有缘结识了天下有识之士（这其中，包括你，他，还有她）……

珍酒，它是一个伟人的夙愿，是一种玉液的代言，是一个历史与文化符号，更是名城遵义的一道亮丽风景。为了它，毛泽东主席、周恩来总理、方毅副总理，倾注了大量心血与希冀。功夫不负有心人，一时间，遵义这片红色的土地上有一种琼浆玉液流出，大家奔走相告，文人墨客更是纷至沓来，连著名诗人艾青都不禁喊出“珍酒万岁”的诗句。

作为一名贵州人，我感谢世界人民对贵州白酒的关注与喜爱；作为一名遵义人，我感谢党和国家领导人为酒乡发展奉献的真情；作为一名珍酒人，我感谢四海的朋友给予我们发展的鼓励、帮助和鞭策；作为珍酒现在的当家人，我要感谢广大艺术家为珍酒留下了无数华美篇章。你们的作品，是清泉，是甘露，是春风，是细雨，助力珍酒一路向前。

贵州省珍酒厂：

珍牌珍酒（大曲酱香型54°）经

国家质量奖审定委员会批准荣获

银质奖章特发此证书

国家质量奖审定委员会

一九八九年 月

图 3–13 珍酒在 1989 年荣获国家银质奖

我始终认为，酒与文化是相通的，要不然怎么会有人说，中国有多少年文化史，就有了多少年酒历史呢？而且，哪部传世作品不与美酒多少有些关联，或者说通过酒来传达深厚情谊呢？面对朋友要离别，王维在《渭城曲》中不禁叹道：“劝君更尽一杯酒，西出阳关无故人。”为了感谢主人的热情款待，李白在《客中行》中咏道：“兰陵美酒郁金香，玉碗盛来琥珀光。”这些说得似乎有一点远了，但作为“酒中奇葩”“易地茅台”“传奇酱香”的珍酒，我们贵州的作家也是有感而发，不吝笔墨。请看：“美哉！中国珍酒。迈开坚实脚步，柳绿花红满路”（熊维良《珍酒颂》）；“幸福时刻举珍酒，相邀明月，莫使金樽空对；喜庆时刻举珍酒，激情对酌，玉盘珍馐杯不停”（易夫《珍酒吟》）。这本集子中，像这样充满真性情的诗句比比皆是，需要细细品读，方能读出其中滋味。

说到作品集，我有太多的话语。作为珍酒的基地——遵义董公寺，不管是曾经的荒芜，还是后来的干劲冲云天；不管是“易地茅台”试验成功的喜讯令天地动容，还是20世纪90年代后期的低落与沉寂；不管是2009年华泽集团入主让珍酒重获曙光，还是全新市场征战艰难前行……我相信，许多珍酒的老朋友或者新朋友，有许多话要说，有许多真情需要流露，这是我计划为珍酒出版一本作品集的初衷。从2009年的“技术顾问”身份到现在的“董事兼总工程师”，我都有一种义务为珍酒的发展和文化建设做一点什么。但由于珍酒当时“百废待兴”的局面，加上前两年在强化基础，那时出文集的话有些“不合时宜”，或者说“为时过早”。

感谢各位老师和同人的厚爱，让我能与省写作学会结缘，并通过写作学会这个平台，与广大会员相识、相知，结下了深厚的友谊。也让我在这样浓烈的学识氛围中，增长了知识，提高了水平，让我的追求和生活更丰盈，更有意义，更为自己做一个“文化型企业家”创造了很好的条件。有道是，做任何事情讲究“天时、地利、人和”。所以，在珍酒迈向正轨的2012年里，请多年的好友、文友到“自家”来走走看看，是十分有必要的事情。有幸的是，贵州省写作学会2012年学术年会暨走进名企采风活动在我公司举行。我们欢聚一堂，以情为纽带，以酒为媒介，以文为契机，带领大家在厂区感受悠远的珍酒文化，体验传统酱酒芳香，探寻佳酿酿造秘方，尊享优美厂区风情……

在作品集付印前，我将各位文友的篇章捧在手心，爱不释手。不管是在生产一线，还是出差在外，抑或是在家休息，文中一些优美的故事情节和词句，让我印象深刻，回味无穷。在介绍珍酒时，像“多彩珍酒，似春风拂面，神清气爽；阅读你的色彩，如入佳境，幸福无边”（雷远方《多彩珍酒》）、“有赤水河的故事 / 有子尹街的传奇 / 有茅台镇的神秘 / 有播州城的古韵”（申元初《酒林绝代双骄新传奇——献给珍酒》）、“华夏酒林，异彩纷呈。中国珍酒，品质独尊”（傅治淮《珍酒赋》）等经典语句，现在便可以随手拈来。

是省写作学会，让我们会聚一堂，凝集作品；是你们，让珍酒芳香飘得更远；是珍酒，凝聚了我们永恒的友谊。因此，真挚感谢贵州省写作学会！

这本作品集的名字就叫《传奇珍酒》，既明晰了珍酒的发展历程，也昭示了她悠久的历史。同时，作品集通俗易懂，拉近了读者、编者与作者的距离，开展真正的心灵对话。此本作品集主要收录了广大文友到珍酒采风时创作的优秀作品，有部分作品是通过其他形式投稿过来我们择优录用的，共81篇，喻指“九九归一”的哲学境界。全集共分“传奇珍酒”“历史珍酒”“幸福珍酒”“品味珍酒”“珍酒情长”五个篇章，每个篇章收录的文章表达方式或内容都略有不同，请读者慢慢体味。

在这些作品中，既有实景记录的散文（如涂万作《醉乡行，最忆是珍酒》、熊维良《朝阳下的微笑》、孙光静《珍酒醒在我梦乡》、尹卫巍《珍酒情缘》等），也有追昔抚今的小型报告文学（如朱世德《“酱香之魂”风鹏举》、袁应军《诉说珍酒》、陈守刚《华泽之爱，珍酒之诚》等）；既有即时感触的现代诗歌［如袁仁琮《短歌行——感于贵州珍酒至纯偶得》、阎廷宽《珍酒礼赞》（组诗）、陆剑《“酒妹”恋歌》等］，也有凝神静思的词赋［如傅治淮《珍酒赋》、易夫《珍酒吟》、莫予勋《珍藏美酿待君需》（组诗）等］；既有意蕴悠长的小说佳作（如袁昌文《一瓶未喝完的酒讲述的故事》、仇志明《珍酒缘》、朱克乾《风雪见“珍”情》等），也有直抒胸臆的歌词（如陈易夫《酒中珍品》、阮居平和凌世华《珍酒情》等）……其中不少篇幅蕴含丰富的情感、细语的倾诉和粗犷的表达。有的作品像涓涓细流，浸入你的心扉；有的作品如春风过隙，滋润着你的情感；有的作品如经千锤百炼，令人读来酣畅淋漓……

开卷有益。《传奇珍酒》是一本凝聚智慧的好书，是历史，是文化，是百科，是艺术，是人生，敬请细细品读！

图 3-14 陈孟强董事长（右一）接待来访者

2013 年 3 月 22 日于贵州遵义

弘扬“长征精神”，为珍酒生产作出新贡献

陈孟强

2010年生产总结及2011年生产工作安排

2009年8月28日，是珍酒人最难忘的日子。从破产、失业、等待的焦虑中回过神来，燃起了新的希望，珍酒即将到来的“二次革命”，使珍酒重新获得新生。同时华泽集团也因“8250计划”成功迈入了中国白酒业新的里程碑，将中国酱香型白酒的发展推向一个新的起点。贵州珍酒公司全体员工在“长征精神”的推动下，坚定不移地深化质量管理，提高产品质量，坚持传统工艺，严格操作规程，走“以人为本、以质求存、继承创新”“质量立业、质量兴厂”的发展道路，从而加快我公司珍酒生产的步伐，取得了2010年令人瞩目的成绩。

一、坚守中国酱香白酒传统生产工艺，努力完成各项生产目标

1. 制酒车间从2009年10月开始，认真做好生产前的准备工作，紧紧围绕极早恢复生产这条主线，在人员少、任务重、时间紧的情况下，车间员工团结协作，群策群力。从清理生产房周围的杂草开始，协助清理了2号、3号生产房的大量废旧物品，转运1号、2房生产房96个窖的丢糟，重新培养了3号生产房48个窖的窖底泥。协助完成水电气的维修和维护，在公司的规定时间内做好了下沙投粮的准备工作。于2009年11月16日准时下沙。

2010年共投入红粮1152.45吨，领用大曲1063.05吨，计划产酒480.61吨。实际产酒650.4273吨，超产169.8173吨。

其中：酱香酒完成40.7887吨，占年计划的106%。窖底酒完成41.2392吨，占年计划的430%。合格率99.99%。

2. 制曲车间从3月15日开始踩曲，共完成了制曲任务2274.5吨。占计划的87.5%。

3. 包装车间从 2009 年 12 月 30 日开始包装生产，至 2010 年 9 月 25 日共包装 65140 件，其中包装 1975 普通珍酒 46150 件，珍品珍酒 10587 件，大元帅（金帅）5444 件，珍壹号酒 2759 件，光瓶珍酒 200 件。

4. 勾储车间完成 1~7 轮次新酒入库 650 余吨，按库房及基酒管理规定，已完成逐坛等级验定，建卡、建账、编号、密封储存、轮次统计报表等及时上报无差错。

将储于麻坛多年的酱香基酒 500 多吨全部转入大酒罐储存，空出了大量麻坛备用。

简单勾兑组合，外调给集团内相关酒厂 110 吨酱香老酒。

对原遗留的浓香基酒，已全部外调出湘窖等厂 300 多吨，空出了大酒罐备用。

及时保障提供计发包装用酒 130 多吨，配合协调无误。

自珍酒产品投放市场以来，单纯合格待装酒共完成了 3 个大批次约 240 吨（其中第一批 50 吨，第二批 100 吨，第三批 90 吨，另第四批 106 吨已检验合格入库）。同时按照市场需要，开发了珍品酒系列。在没有增加酒源的情况下将部分第二、第三批珍酒结合勾兑调提升为珍品等级 50 余吨。

严格筛选验定老酒坛入库与漏坛报废共 2800 多个。接收新坛共 1200 多个，分别一一试水验收入库，排序安放。

5. 总工办、生产设备部、质检部等相关部门认真组织，大胆工作，密切配合，克服困难，各自做好本职工作，为尽早恢复生产作出了应有的贡献。

二、珍酒生产工艺更加稳定，产品质量上台阶

制酒、制曲车间在生产中按公司颁布的《作业指导书》和公司领导的要求严格执行，工艺参数控制在规定的范围内，操作严格按作业指导书执行，下沙、糙沙、发粮水，尾酒经公司领导在生产过程中进行调整后，各班认真执行，并在规定的范围内灵活掌握。达到了堆积发酵正常，香甜味较浓。下糙沙技术关键控制点是水分和糊化，发粮水在原珍酒工艺上做了调整，质检部检验水分在 39~44，平均 41.5 左右。从各班统计数据可以说明，酱香型酒产量，全公司达到6.27%，均有不同程度的增长，窖底香型也有显著提高。取得的成效是显著的。

比较突出的班：一班、四班、五班、六班。以上诸位班长工作中认真负责，积极主动，他们最大的特点是责任心强，严格工艺操作，执行公司和车间的工艺安排，特别是一班的正副班长配合默契。

三、珍酒轮次产量更趋于合理

整个生产周期，产酒量曲线明显呈抛物线，实现了两头小、中间大的生产规律。第1次、第2次酒质量（合格率）比预计的还好，窖底酒产量实现了2.9303吨，酱香酒也超出常规。3~7次酒产量增加，质量也同步上升，已检验的40.7887吨酱香型酒中，3~6次酒就占了40.5737吨，41.2392吨窖底香酒中，3~6次酒就占了30.3884吨，这充分说明了控制投料水分（工艺范围），降低第1次、第2次产量，是提高珍酒质量的关键一环，也是确保珍酒后期生产质量的基础。兵家云："以退为进，乃其意也。"

四、实现4次酒超过3次酒的目标

提高3次酒的质量，实现4次酒超过3次酒的目标是一个战略决策的问题。必须坚持长期不懈的努力，认真贯彻落实珍酒酱香白酒传统工艺，将其发扬光大，切实提高3次酒质量，确保4次酒超过3次酒。因此，在各班组的共同努力下，8个制酒班除个别班外均实现了4次酒超过3次酒的目标，有了显著的提高。

2010年11月，珍酒生产开始恢复500吨，近10多年没有生产的厂房有了新的生气。但是，面临的困难很多且大，员工不畏困难，在集团的领导下，顽强拼搏，充分发扬"传奇酱香，易地茅台"的主人翁企业精神，相互协助，紧密配合，认真贯彻2010年下糙沙工作精神，继承和发扬酱香白酒传统工艺，严格执行珍酒操作规程，严格控制投料水分，严格润粮关，糊化关，认真进行工序质量把关，开展劳动竞赛，使2010年珍酒生产实现了优质、高产、低耗。我们主要作了以下几方面的工作。

（一）统一珍酒生产工艺的认识

2010年我们把完善和改进工艺规程作为技术管理的主要内容来抓。从10月份起，在总工室的带领下，生产部及制酒车间、制曲车间的工艺人员等，深入车间、班组，广泛征求意见，先后对“珍酒生产操作作业书”“制曲生产操作作业书”“包装生产操作规程”工艺文件做了修改，对制酒、制曲、勾兑、贮存、包装、检验等工作中的关键工序制定了从原料粉碎到包装出厂检验的质量标准。由于修改和制定了操作作业书和各工序质量标准，既便于掌握、衡量、检查各工作点质量，又做到了提高产品质量有法可依、有章可循，也进一步加深了员工对珍酒生产工艺规程的认识，提高了正确执行珍酒生产工艺的自觉性，确保了2010年珍酒生产质量的大幅提高。

（二）以“质量第一、酱香是重中之重”的指导思想，坚持工艺把关，狠抓工艺规程的执行

2010年下糙沙生产会议明确指出:“必须抓好珍酒生产各个工序质量，只有提高了各个工序质量，才能确保产品质量。”因此，2010年度摆在车间面前的首要问题就是认真落实工艺要求，严格控制投料水分，把好发粮水、糊化关，搞好投料期各工序质量，以保证珍酒生产质量的提高。

具体做法：

（1）投料水分的有效控制

2010年，通过下沙、糙沙及1次酒的实践观查，综合大家的意见，提出“必须严格控制投料水分，要求在工艺上下降两个百分点”的指标，车间、班组首先统一思想，明确目标，开展认真的讨论，取得共识后，2010年投料水分的控制，取得了明显成效。

糙沙技术关键控制点是水分和糊化，发粮水在原珍酒工艺上做了调整，质检部检验水分在39~44，平均41.5左右。水分指标在规定范围内，但酒醅检验指标和感官检查相差太大。检验指标偏高，感官检查偏低。

2010年投料水分后期几个窖平均下降超过3个百分点。除个别班下沙第一个窖平均水分大于46%外，其余各班均有明显下降，控制水分的手段更完善，

第六个窖比第一个窖明显下降，至整个投料结束，总体平均呈下降趋势。控制相当稳定，波动范围极小。

（2）控制原料破碎程度，贯彻“宜粗勿细”的宗旨，投料破碎度满足工艺要求

根据《制酒生产操作规程》，原料破碎程度不得超 ±2% 的规定。公司将原料的破碎度列入工艺检查的重要内容。下沙一开始总工办、质检、生产部门主动配合制曲车间到现场随时抽样，随时调整，做到坚决杜绝超标准现象。车间也积极配合，根据润粮吃水情况，认真检查破碎度的比例，随时将破碎程度的信息反馈到制曲车间，做到以工艺规定为工作宗旨。从抽检的数据看，均在规定范围，做到了有效控制。

（3）把好润粮关，严格蒸粮时间，保证糊化标准

2010 年度下沙工作重点强调了润粮和糊化的关系，并指出：“要继续抓好润粮质量，做到几个方面，一是要使粮食吃透水，杜绝跑水现象；二是要使粮食吸汗，无稀皮现象；三是防止粮食发芽、消耗营养。”根据这一指导思想，发酵粮食现场的经验中，拓宽思路各自发挥自己的优势，做到粮食发透、翻拌均匀、无跑水现象，90% 以上的班组基本做到粮食吸汗，无水分流失。

蒸粮时间普遍有所减少，基本上保证下沙在2个小时零10分钟左右，糙沙2.5小时左右。当然，各车间、班组差距还比较大，这是个需要进一步探索的问题。

存在的不足：

①下沙的个别堆子有酸馊味，堆子发酵有“腰线”。

②下沙润粮后粮食普遍发芽。

③母糟发酵时间长，煳味重，整体质量差。

④大曲整体质量差，水分重，储存时间不够，香味差。

⑤个别员工操作粗糙，不够细致。

⑥个别班组水分控制不理想。

⑦蒸粮“返生”较普遍。

⑧冷凝器效果差，生产用水硬度较高。

⑨ 蒸汽压力不够和不稳定。

⑩红粮的粉碎度前后不一致。

2011 年珍酒生产的安排

珍酒生产量：计划 1040 吨，力争完成 1200 吨。

其中：酱香酒计划为产量的 11%；力争实现 12%，完成 115 吨。窖底酒计划为 3%，要求多产一等窖底香。

新酒合格率计划为 96%，力争实现 96% 以上。

制曲计划为 3000 吨，力争实现 3300 吨。

新酒盘勾 650 吨。完成珍酒系列成品酒 300 吨，大元帅系列成品酒 300 吨。开展技术创新提高珍酒质量，保证珍酒壹号、珍品珍酒产品质量稳定，力争为实现董事长“酱香第二”的目标做出新贡献。

生产的指导思想：

一坚守，坚守中国酱香型白酒传统操作规程。

二严格，严格珍酒生产工艺，严格珍酒生产工序。

三变化，因地域变化而工艺变化；因气候变化而操作变化；因原料变化而配置变化。

四稳定，稳定员工生产情绪；稳定员工生产秩序；稳定员工生产质量；稳定员工生产进步。

为实现“酱香第二”的战略目标做出新的贡献。

2011 年是“十二五”计划的第一年，是打基础的一年，面临的任务是艰巨的。全公司员工必须集中精力，认真贯彻邓小平同志的“科学技术是第一生产力”的思想。坚持“以人为本、以质求存、继承创新”的企业发展战略，坚持走质量效益型道路，完成集团对珍酒战略的安排，在新的里程迈上新台阶。

今年要解决好的几个方面：一是投料水分再降一点，严格规定控制在 50%~53%；二是继续抓好提高一、二次酒质量，实现四次酒超三次酒；三是生产中反映出的各项指标要更趋于均衡；四是进一步重视和研究堆积质量和产酱香型的关系；五是技术管理再上一个新台阶。

要完成以上任务，我们要抓好以下几个方面的工作。

（一）认真贯彻珍酒工艺规程，严把各工序质量关

信誉源于质量，珍酒的质量必须依靠广大员工牢固树立“质量第一”的思想，认真贯彻工艺规程以及公司的一切规定和管理才能实现。要打好2011年生产基础，就要抓好几个关键工序。

（1）控制好投料水分

要提高珍酒质量，完成任务，投料水分是一个关键。应该说我们的水分已经比较低了，为什么今年还要求再降一点呢？从1、2次酒的产量看，我们认为还有潜力。2010年1次酒产量最高的占年计划产量16.6%，2次酒最高的占17.28%和16.34%，这样的产酒比例我们认为高了点。另外，现在的生产条件比原来好得多，发粮水温有保证，发粮方法也在车间不断地总结中更合理有效，为了后几轮次多产酒、产好酒，所以提出水分还要再降一点。

（2）认真抓好润粮和蒸粮工作

“润粮”是制酒生产的第一道工序，也是关键工序，能否实现水分再降一点，质量能否再有提高，关键是要抓好“润粮”这个基础。讲“首推发粮”，各车间也把发粮润粮作为关键来抓，总结合理有效的办法，但还存在个别班组认识不足、重视不够、抓得不紧的现象，给以后的生产造成严重的困难，导致产量少，出次品，乃至酱香型产量低的结果。对于润粮，我们仍然要求水温要达到要求，发匀发透，收汗无异味。希望各车间、班组要将此作为重点来抓，严格进行考核。

珍酒工艺的特点，很重要的一点是高温。高温制曲、高温堆积、高温接酒，之后通过检测曲子和酒醅中水分的密度，制定出合乎标准的检测方法，提高水分测定的准确度。班组车间对水分的投入量要计算准确，进行计量。化验人员、工艺人员要深入生产现场帮助班组计准投入量，并加强责任心，按照检测的操作方法进行抽样检测，测定过程中要全心全意严格操作规程，做出准确

的数据，及时反馈到各有关部门和车间班组。还要测定糊化率，摸清糊化率与产品质量的关系。

（3）加强“走动式”管理方法

今年从下沙开始，生产技术人员（包括公司领导、总工室），都要深入车间班组进行巡回检查，特别是生产部、车间的工艺人员更要全力以赴，集中全力到生产现场跟班定窖检查，选准课题，总结经验，及时帮助班组进行推广和学习，对影响或违反操作规程的要及时教育和纠正。生产部要根据生产的进度和生产中存在的问题，及时组织召开生产现场会和生产技术分析会，在检查中发现了班组、车间好的经验，要及时总结推广，促进全厂的工艺管理。

（4）三是进一步完善工序质量制度，严把关键工序关

坚持工序质量制度，使珍酒生产关键环节均在受控之下，促进珍酒质量的提高。同时，增加质量检查的密度，使生产过程中各关键工序处于受控状态。总工室、生产、检验等部门要积极配合，协同工作，推动质量工作的发展，提高珍酒生产管理水平。

（二）加强调度工作，强化调度职能

毛主席教导我们，“加强纪律性，革命无不胜”。工业生产离开了纪律性，生产就无法进行，就会给企业带来不可避免的损失。因此，调度工作在珍酒生产管理工作中十分重要。一是要及时对生产中可能发生的问题进行处理调度；二是要协调好与生产相关各部门的工作，保证生产各部门之间信息的沟通；三是要安排好各生产单位的作业计划，及时组织好生产；四是要强化调度工作，坚持值班制度，做到调度工作快、准、灵、全。各个与生产有关的部门和单位，必须服从于生产调度安排，调度就是命令，不能互相扯皮推诿，更不允许干扰调度工作的事情发生，调度部门也必须深入基层，调查研究，多了解情况，减少调度工作的失误。

（三）提高生产服务态度，为提高珍酒产质量做贡献

生产要上去，服务要周到。后勤部门转变为生产服务，会给生产一线职工带来极大鼓舞。

各位员工，2011 年珍酒生产任重而道远，搞好珍酒生产、提高珍酒质量

是我公司全体员工特别是全体科技人员肩负的光荣而艰巨的历史重任，我们务必以必胜的信心、艰苦的努力、扎实的工作，开创珍酒生产的新篇章，创造出更光辉的明天。

第四章　珍酒的生产和经营

贵州模式：珍酒酿酒公司的奋起

陈孟强

图 4–1 2009 年的珍酒厂

2009 年 10 月 16 日，贵州珍酒酿酒有限公司从杂草丛生、满目荒凉和凄冷中破茧而出，仅用短短的一年零九个月的时间，贵州珍酒酿酒有限公司投入技改资金 2.6 亿元，更新了生产设备，从原来的纯手工操作改变为半机械化作业；完成了国家质量（ISO 9001）、环境（ISO 14000）、健康食品安全、有机食品等六大体系认证，获得了“中国白酒第二家有机产品”称号。珍酒厂酿造生产了完全合格的酱香型白酒 2200 多吨，2010 年实现工业总产值 1.12 亿元，销售收入超过原企业历史最高水平，今年上半年实现工业总产值 2.2 亿元，销售收入同比增长 30%。至 2011 年 6 月，上缴税利 2000 多万元，安置下岗员工 400 多人，实现人均收入每年 3 万多元，为贵州省白酒业创造了多、快、超速度发展的模式——“贵州白酒发展模式”。

图 4-2 陈孟强董事长向省政协副主席王录生介绍厂区情况

——奋战篇

2009 年 8 月 28 日，华泽集团以 8250 万元成功竞拍贵州珍酒厂。

2009 年 9 月 1 日，华泽集团董事长吴向东带领刚配置的班子（所有成员从全国抽调）成员（仅三人）匆匆赶到遵义。

2009 年 9 月 2 日上午 10 时，踏进了已停产 10 年的珍酒厂，刚一进厂，看到的是满目凄凉，外加上百双企盼和无神的目光。吴向东看到这一切，心酸和痛苦交织在一起，只好默默地下定决心，尽早恢复生产，拯救这些无辜的人。

“柳岸花明又一村”，在遵义市委、市政府的大力支持下，在汇川区委、区政府的直接关心和关怀下，花了一个多月时间，于 2009 年 10 月 16 日疏通了道路，华泽集团正式接管了贵州珍酒厂，更名为“贵州珍酒酿酒有限公司”，开始了奋战之路。“管理者们只有一件事可做，那就是思考或面对他在书中没有写到的问题。”（斯图尔特 · 克雷纳）

华泽集团董事长吴向东从收购贵州珍酒厂到正式接管虽然只经历了短短的

两个月时间，但他感到比经营白酒业的十多年还要漫长，虽然他已是中国白酒界年销售几十亿元的第三巨头，但要使贵州珍酒酿酒公司奋起，他必须重新思考，要使贵州珍酒酿酒有限公司的酱香白酒做到中国“酱香第二”才能不辜负人民所托。

“墨菲定律”告诉了他如何去面对挑战。

2009 年 10 月，董事长吴向东带领集团相关部门负责人亲临遵义，主持召开了“发展酒业，振兴珍酒”为题的工作会议，制定了战略发展及工作进度：

1. 团结奋战，迎难而上，抢修设备，加班加点，克服一切困难力争 11 月投料，完成 2010 年 600 吨生产指标。

2. 集中精力，精心勾兑，精益求精地完成珍酒上市。

3. 大力协助政府部门解决下岗员工就业问题，力争首先安置 200 人以上员工就业。

4. 努力协调周边关系，支持当地人民的建设，和谐共处。

珍酒酿酒有限公司行动了！

首先招聘了 200 多名原珍酒厂员工，选聘了生产骨干，组织了相关部门，在公司领导下，抢修锅炉，清理杂草，疏通道路，整理场地，展开一场抢时间、作贡献、争做合格珍酒人的激战。

时间就是效益。

2009 年 11 月 16 日，贵州珍酒酿酒有限公司锅炉冒烟了，1500 吨当地糯高粱下窖了！欢欣的心情展露在珍酒人的脸庞上。2010 年下沙典礼隆重举行，贵州省食品工业协会会长、原贵州省人大副主任庹文升，遵义军分区司令员孔健，贵州省遵义市政协副主席陈晓红，中共遵义市汇川区区委书记洪涛，中共遵义市汇川区区委副书记、汇川区人民政府区长王晓东，遵义市、军分区，市直各部门和汇川区的党政领导，以及行业代表和专家莅临庆典大会。贵州省食品工业协会庹文升会长在会上高度赞扬了珍酒卓越的品质，他说：“珍酒既有着茅台酱香白酒传统的国色天香，又有着黔山秀水的天地灵性，优雅中更彰显其高贵。自珍酒问世以来，以其优质的酱香白酒风格，深受消费者和市场的青睐，被誉为‘酒中珍品’。”贵州省遵义市政协副主席陈晓红同志在发言中则强调：“白酒是我市特色优势产业，珍酒是我市白酒行业的优秀品牌。遵义市委、市人民政府将始终重视珍酒品牌打造，支持华泽集团在遵义发展。全市各级各部门和原珍酒厂职工、企业周边群众，要共同珍惜和呵护这一品牌，积极支持项目建设，大力营造亲商、富商、安商的良好投资环境，支持企业迅速做大做强。”

贵州珍酒酿酒有限公司虽然只经历了近两个月的奋战，却取得了一年的成效与速度，这是贵州白酒界从来没有过的建厂速度，这是珍酒的发展模式——“贵州模式”。

图 4-3 珍酒厂部分员工与陈孟强董事长（前排左三）合影

——创业篇

珍酒，30 多年的沉淀，30 多年的累积。

生产力的阶段性发展，总会留下具有代表性的时代衍生物——贵州珍酒厂，从 1975 年成立到如今，成为了一种图腾，也成为了一种催化剂，让正在“创业”的贵州珍酒酿酒有限公司完成了“凤凰涅槃”式的跨越。

对于贵州珍酒酿酒有限公司的开拓者来说，他们面临的是当代改革与跨越的质的挑战，他们必须去造就一个创业奇迹；他们必须舍得下血本去解决一个完全陌生的技术难题，他们要思索如何收获美誉与品牌；他们要考虑如何奉行“诚信为本”的营销之道，实现公司、经销商、消费者“三赢”，等等。

历史需要回顾，才能为后来者所借鉴。只有借鉴，才可能完成公司新的“凤凰涅槃”。

时光如梭，站在21世纪馈赠给我们的市场经济现实高度上，贵州珍酒酿酒有限公司回望1年零9个月的历程，不由得感慨唏嘘。

“金牛辞岁寒风尽，瑞虎迎春喜气来。”贵州珍酒酿酒有限公司继2009年11月16日投料后，2010年1月12日，伴着冬日里温暖的阳光又迎来了由贵州省酿酒工业协会、贵州省食品工业协会、华泽集团华致酒行连锁管理有限公司主办，贵州珍酒酿酒有限公司、贵州珍酒销售有限公司承办的“传奇珍酒共创酱香——珍酒酿酒有限公司全面恢复运营庆典暨新品上市酒会”，酒会在贵阳世纪金源大饭店隆重举行。此次庆典仪式有幸邀请到了贵州省食品工业协会会长，原贵州省省委常委、贵州省人大副主任庹文升，贵州省经济和信息化委员会党组副书记、主任班程农，贵州省工商联主席郑楚平，中共遵义市委常委、遵义市副市长余遵义，贵州省经济和信息化委员会党组成员、贵州省酿酒工业协会法人代表、副理事长龙超亚等贵州省、遵义市，省、市直各部门和汇川区的党政领导，以及行业代表和专家。华泽集团董事长吴向东先生，华泽集团副总裁、金六福投资有限公司总经理李践楚，集团领导亲临会议，就各级领导对珍酒有限公司的关怀表达了谢意。贵州省经济和信息化委员会党组成员、贵州省酿酒工业协会副理事长龙超亚同志在讲话中回顾了珍酒的诞生和发展历史：“诞生于1975年的珍酒，源于毛主席和周总理等第一代国家领导人的宏伟设想；历经十年，1985年贵州省科委组织的中国最高规格的鉴定委员会，给予了鉴定，认为酒色清，微黄透明，酱香突出，幽雅，酒体较醇厚，细腻，入口酱香明显，后味较长，略带苦涩，空杯留香幽雅较持久，基本具有茅台酒风格”；贵州省经济和信息化委员会党组副书记、主任班程农同志在讲话中则强调“白酒是我省特色优势产业，在省委、省政府的正确领导下，各地、各部门坚决贯彻省委、省政府的战略部署，形成振兴发展贵州白酒产业的共识，通过各方面的努力，2007年以来我省白酒产业呈现恢复性增长的发展态势。珍酒是我省白酒行业的传统名优品牌，我们真诚地希望华泽集团，加大力度发挥资金、技术、管理、营销和人才优势，加快步伐盘活存量、做大总量、提高质量、拓展市场，全力推进珍酒各项建设。希望贵州珍酒酿酒有限公司坚定信心，锐意进取，不断提高产品质量和生产能力，提高企业和产品美誉度，扩大市场影响力，努力实现珍酒又好又快的发展”。

最后，吴向东董事长表示：“未来的‘珍酒’，目标是贵州省‘酱酒第二’，我们也将以‘力争酱酒第二、甘当酱酒第二’的指导思想，作为贵州珍酒酿酒有限公司未来发展的总方针，我们要求我们的珍酒品质、口感上尽量接近茅台的品质和口感，并且严格按照茅台酒工艺组织生产。”

这些领导的希望和鞭策无疑是给贵州珍酒酿酒有限公司敲响了创业的战鼓，珍酒人如是做：

1. 客观、科学地制定工艺标准，将“力争酱酒第二、甘当酱酒第二”的指导思想作为贵州珍酒酿酒有限公司未来发展的总方针。

2. 继承传统，敢于创新，确保产品质量，让“珍酒”极具自己的特色，成为具有独立风格的传奇佳酿。

贵州珍酒酿酒有限公司从投料一开始，就制定了很明确的工艺路线：“一坚守，二严格，三变化，四稳定”，即坚守中国酱香型白酒传统工艺；严格执行工艺纪律，严格工序操作；以客观科学的态度执行“因地域变化而工艺变化；因气候变化而操作变化；因原料变化而配置变化”；最大限度地稳定员工生产情绪，稳定员工生产秩序，稳定员工生产质量，稳定员工生产进步；经过一年的生产实践，发现生产酱香型酒的真谛是“一坚守和三变化”，真正实现了“客观地运用，科学地改进”的目标。

贵州珍酒酿酒有限公司从2009年11月开始到2011年7月，制酒车间完成产酒2200吨，制曲车间共完成了制曲任务5000多吨。包装车间从2009年12月30日开始，包装生产已完成800多吨。同时按照市场需要，开发了珍品酒系列，大元帅系列产品。一年多来，珍酒员工不畏困难，在集团的领导下，顽强拼搏，充分发扬“传奇酱香，易地茅台”的主人翁精神，相互协助，紧密配合，继承和发扬酱香白酒传统工艺，严格执行珍酒操作规程，严格控制投料水分，严格把握好润粮关、糊化关，认真进行工序质量把关，开展劳动竞赛，使2010年珍酒生产实现了优质、高产、低耗。

图 4–4 陈孟强到贵州珍酒生态酿酒工业园

回顾贵州珍酒酿酒有限公司不平凡的成长历程，领略到它的沧桑与辉煌。

透过光环背后的“乱花渐欲迷人眼”，一年多代表什么？对于一个人而言，一年多代表成长；对于贵州珍酒酿酒有限公司来说，一年多，是自我更新、不断发展的腾飞的一年，是贵州珍酒酿酒有限公司改革历程中里程碑式的一年，超越的一年。

让人“大跌眼镜”的是，公司虽然身处竞争激烈的白酒行业却又拥有超人的创造力和爆发力……其出人意料的战略出招和业绩表现，让白酒市场上最“主流”的同行也不得不对其刮目相看。

公司的发展历程，明显地烙下了时代的印记。其实，不难发现，能有今天的发展，并不是偶然的机遇，而是改革奋进、勇于创新、敢于接受挑战的结果，是企业集体智慧的结晶。“天下攘攘，皆为酒来”的白酒时代，未来的市场必将烽火不断，而在烽烟之中，贵州珍酒酿酒有限公司仍将迈着稳健的步伐，一步步走向和谐发展的既定目标，步入它最璀璨的青春岁月，凤凰涅槃，续写新的“与时俱进，继承创新”篇章！

赵克志省长说：“坚持‘容天下人、卖天下酒’‘不求所有、但求所在’，坚持以开放促开发、以竞争促发展，形成优强企业。”

“酱香之魂”风鹏举

——“中华人民共和国最具综合实力领军企业”贵州珍酒酿酒有限公司振兴贵州白酒乘势而起

朱世德 何安庄 杨昌发 潘神恩

核心提示

热切关注贵州白酒产业发展的业内人士注意到，随着工业强省战略的提出，极富贵州地域优势的白酒产业迅速进入省委、省政府的规划视野，作为首批发展的十大产业之一。“十二五”期间，白酒产业打造成千亿元产业。2011年4月9日，贵州省主要领导在相关专业会议上提出，要努力做到“未来十年，中国白酒看贵州”。贵州将集中力量重点扶持“一大十星”名优白酒企业。贵州珍酒酿酒有限公司名列“十星”之一。随着贵州振兴白酒产业蓝图的开启，贵州珍酒酿酒有限公司恰如一只蓄势待发的大鹏，将乘风振翅而起，翱翔万里长空。

2012年，珍酒公司制酒生产能力实现2600吨，工业产值3.8亿元，销售收入突破4亿元，实现利税5200多万元；近3年累计超产1100吨，提前完成了4年的工作任务，总产值6亿多元，收入达7.2亿元，提供税收8000多万元，形成了良好的发展态势，恰如一匹骏马，冲出洼地，领跑白酒产业，强势振兴。

贵州珍酒酿酒有限公司近3年共申报专利41项，已获得批准39项。3年中先后荣获“中华人民共和国60年最具综合实力领军企业”“改革开放三十年中国酒业之经典企业”“中国优秀企业”“中国消费用户满意单位”“中国诚信企业”“贵州省名牌产品”等荣誉称号。

通过贵州珍酒酿酒有限公司近3年来突飞猛进的闪光历程，我们看到了贵州打造千亿元白酒产业的希望，看到了贵州找准优势后发赶超快步建成全面小康社会的美好前景。

辉煌而光荣的历史，贵州茅台易地试验基地的建设，走过了半个世纪的历程，倾注着一代伟人的心血，寄托着党和国家最高领导人的殷切希望。茅台酒易地试验取得成功，为珍酒的问世奠定了厚实的酱香文化底蕴。

十年磨一剑。承担茅台酒易地试验的精英团队，10 年时间里斗严寒、战酷暑，付出的是青春年华，付出的是辛勤和智慧，在大娄山脚下这块红色的土地上，用他们辛勤的心血和汗水，使昔日的荒山野岭，一天天变美，道路不断延伸，厂房一幢幢拔地而起，窖池一个个排列成行，溢着醉人心脾的芬芳的茅台酱香美酒易地生产成功了，总理的愿望也由此成为现实。在遵义生产的具有茅台酒风格和水平的珍酒带着传奇的色彩，带着名城儿女的深情厚谊正式隆重推出，从此走进大雅之堂和寻常百姓家。

1986 年 6 月，贵州省经委正式下文批准贵州省遵义酿造研究试验基地成立"贵州珍酒厂"，珍酒由此开始批量生产并在市场上走红，成为国家级优质名酒。

凤凰涅槃体制改革雄风大振

遵义，红军二万五千里征程中拨正革命航船的会议之都、转折之城。红军从这里走向胜利，中华人民共和国的红旗从这里高高扬起，在这块革命圣地上创业，就意味着走向成功、走向幸福美好。

珍酒——30 多年的沉淀，30 多年的积累，她需要体制改革焕发容颜，她期待以崭新的姿态让曾经喜爱她的市场和人们共睹芳容。那是 2009 年，华泽集团董事长吴向东走进了黔北大山，来到了雄关娄山脚下，走进了遵义城。这位从湖南来的毛泽东的家乡人，以敏锐的视角和特别的感情，看到了静卧在大娄山下、高坪河畔的这位高品位"美人"——正处于冬眠期的贵州珍酒厂。了解情况后，他相信珍酒厂是一条蛰伏在深山的巨龙，只待春潮涌动，一定会腾飞。吴向东董事长下决心投巨资，让老一代党和国家领导人亲手缔造的"酱香之魂"雄风再振。

三年的脚步铿锵有力，三年的交响乐章令人震撼。珍酒人用实实在在的行动，践行着科学发展观，实现了让每一个消费者在享受幸福和期盼幸福的时刻，喝上幸福美酒的愿景。

卓越的领军大帅带出了珍酒优秀团队

有句至理名言说得好，“千军易得，一将难求”，贵州珍酒酿酒有限公司成立时，华泽集团董事长吴向东在众多选择中挑选出陈孟强这位非他莫属的复合型领军人才。陈孟强这位从茅台技术开发公司党委书记岗位退休 3 年的闲置人才，吴向东“三聘诸葛”将他请出，大胆委以公司董事长、总工程师大任，这位在中国酱香型白酒领域浸润了 40 余个春秋的酿酒大师，在有生之年肩负起了为酱香白酒的发展再创辉煌，为实现领袖夙愿只争朝夕的重任，踏上了奉献全部光和热的新征程。

陈孟强以为贵州珍酒酿酒有限公司打造一流团队，加速技改，打造中低档酱香酒第一品牌为己任，夜以继日地工作，开创了贵州珍酒酿酒有限公司跨越发展的新局面。3 年来，公司引进大学毕业生 50 多人，新增就业岗位 200 多个，大力加强培训力度，提高员工素质，提高企业管理水平和技术操作能力。

抓品质是珍酒人一切工作的重中之重。陈孟强将珍酒所处地理气候环境情况与茅台全方位对比，客观、科学、辩证地提出了“一坚守、二严格、三变化”的工艺方针，建立了《质量管理体系》《环境管理体系》《职业健康安全管理体系》《食品安全管理体系》，从根本上保证了珍酒的高贵品质。辛勤的汗水浇灌出了丰硕的成果，2012 年 3 月，珍酒酿酒有限公司以白酒优秀企业身份昂首走进德国杜赛尔多夫国际酒类专业展厅，在全球酒界盛会见证了珍酒“酱香之魂”的卓越品质。2012 年 6 月，在中国食品工业协会白酒国家评委会上，珍酒系列产品“53 度酱香型精装珍酒”凭借酱香馥郁、优雅圆润、醇厚味长、空杯留香、独占鳌头的卓越品质一举夺冠，荣膺 2012 年度“中国白酒国家评委感官质量奖”。

公司加强企业文化建设，在员工中大力宣传企业精神和核心价值观，广泛开展“诚信经营”理念教育，让广大员工树立紧迫感和责任感；与社会各界广泛交友，加大珍酒美誉度的宣传；注重人才引进和培训力度，努力建设优秀团队，制定师徒制度，努力把传统工艺、先进方法传承发扬，为珍酒公司后继有人、长期发展、提高产品质量打造过硬的队伍，为珍酒后发赶超积蓄实力。近年来技术力量进一步加强，人才培养取得实际效应，技术队伍进一步壮大。

贵州珍酒公司以健全和完善现代企业制度、规范企业行为的宗旨及诚信的企业精神，立足于精细化管理和细节决定成败的企业成长原则，认真做好每一件事，认真酿好每一瓶酒，认真落实到每一个环节，并以担当的精神和诚信至上的理念，建树着企业卓越的成长品质和价值地位。陈孟强率领贵州珍酒酿酒有限公司勇往直前，在赢得长足发展的同时，还大力扶助公益事业，帮扶贫困，被当地干部群众广泛称道。例如为遵义市区环卫工人修建了 30 多个休息室，室内配有饮水机、桌椅等，为他们遮风避雨，恢复体力创造条件；还为环卫工人配备了防寒马甲等，尊重他们的劳动，关心他们的健康。企业以担当精神为建设美丽遵义、创建和谐家园作出了积极贡献。

带着领袖的希望和重托，珍酒人从赤水河畔一路风尘仆仆走来，带着国酒酱香的风采，酿造更多更好的美酒走向五洲四海，陶醉了大江南北，飘香海内外。

相关链接

“未来十年，中国白酒看贵州。”这是贵州省委、省政府向贵州白酒界发出的动员令。

赵克志书记在白酒产业发展大会上强调，白酒产业是贵州重要的支柱产业和特色优势产业，大力发展白酒产业，是群众增收致富的重要渠道，是调整产业结构的重要抓手，是财政增收的重要来源，抓工业必须抓白酒，实施工业强省战略首先要加快白酒产业发展。

陈敏尔省长在讨论党的十八大报告时指出：“贵州的后发赶超要借力、借机、借势。现在贵州发展虽然有差距，但通过积蓄力量，蓄势待发，适时爆发，奋发赶超，就能够实现同步小康。”

在贵州珍酒公司看来，国发 2 号文件和贵州省一系列的白酒产业发展措施，犹如历史的“动员令”，让他们感到重振珍酒的责任重大；一项项国家和社会赋予的荣誉，增添了他们重振珍酒的豪情；贵州省“十二五”规划的远景，让他们增强了重振珍酒的信心！

随着贵州振兴白酒产业的战略实施，贵州白酒正踏上充满希望的新征程。贵州珍酒经过近 3 年的实践探索，更加充满了自信，一幅崭新的蓝图正在珍酒人面前打开：到 2015 年，年产能力达到 6000 吨，储存能力达到 12000 吨，销售收入达到 10 亿元，人均产值达到 100 万元，把“珍酒”打造成为近似茅台的强势品牌，把“大元帅”打造成贵州中低酱酒的第一品牌，将企业建设成为集生产、生态、旅游观光于一体的产业基地，贵州珍酒酿酒公司正成为遵义市生态工业的一张示范名片。

2012 年下沙生产总结

2011 年是金秋之年，是硕果之年，我们创造了珍酒的新辉煌，创造了酱香白酒的发展模式，改写了珍酒的历史。但 2011 年已经成为过去，成为了历史，我们不能停留在过去辉煌的安乐日子里。2012 年我们将继续向前，继续认真贯彻执行集团公司总体战略规划，以“酱香第二”为指导思想，坚持陈董事长“一坚守，二严格，三变化，四稳定”的工艺路线，艰苦奋斗，提高产品质量，为珍酒公司的辉煌明天不断努力，把珍酒做强、做大。

图 4–5 珍酒厂新建的 11 号酿酒车间

2012 周期下沙生产已经结束，总体生产情况比较好。但各个车间、各个班组甚至同一个班组窖与窖之间的情况也不尽相同；与 2011 周期相比更是有着极大的不同，2012 周期生产中各个班组的水分控制相对比较稳定，用曲比例也趋于稳定，操作也比较细致。但 2011 周期生产是我们珍酒的历史之最，既然 2012 周期的生产数不同于 2011 周期，那么我们将更加重视，积极思考，做好跟踪分析。在 2012 周期的下沙工作中，我们有工作亮点，也存在一些不足的地方。因此下沙总结对我们来说是很有必要的，只有通过反思和总结，我们才能不断地提高，才能探索出适合珍酒的工艺。下面我主要从工艺数据、操作过程，以及对比思考分析三个方面对 2012 周期下沙工作进行分析总结。

图 4-6 珍酒厂生产车间

图 4-7 酿制珍酒的酒曲

一、下沙数据统计分析

表 4-1 2012 周期下沙数据统计与 2011 周期关键数据对比表

班组	投粮量	投曲量	2012 曲粮比例	2011 曲粮比例	2012 周期水分	2011 周期水分
一班	72	8.5	11.81%	11.11%	38.72	39.5
二班	72	7.8	10.83%	13.19%	37.93	39.4
三班	72	7.75	10.76%	10.76%	38.00	40.3
四班	72	8.05	11.18%	11.81%	38.42	39.0
五班	72	8.05	11.18%	9.03%	38.35	39.5
六班	72	8	11.11%	11.39%	37.73	38.9
七班	72	8.1	11.25%	10.42%	38.75	40.1
八班	72	7.8	10.83%	9.03%	38.18	39.8
九班	96	11	11.46%	12.40%	38.51	38.5
十班	72	7.7	10.69%	11.81%	37.85	40.2
十一班	72	8	11.11%	11.25%	38.45	40.2
十二班	72	8	11.11%	10.76%	38.78	38.8
十三班	72	8	11.11%	11.39%	37.92	39.9
十四班	72	8	11.11%	12.50%	38.55	39.9
十五班	72	8	11.11%	11.39%	38.17	40.7
十六班	72	7.75	10.76%	13.28%	37.62	38.7
十七班	72	8	11.11%	8.75%	37.70	39.9
一车间	672	75.05	11.17%	11.06%	38.26	39.4
二车间	576	63.45	11.02%	11.39%	38.14	39.8
公司	1248	138.5	11.10%	11.21%	38.20	39.6

备注：投粮量和投曲量单位为吨，水分为百分比，曲药用量包括做窖底用的曲。

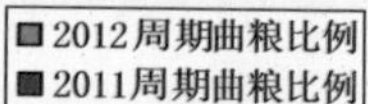

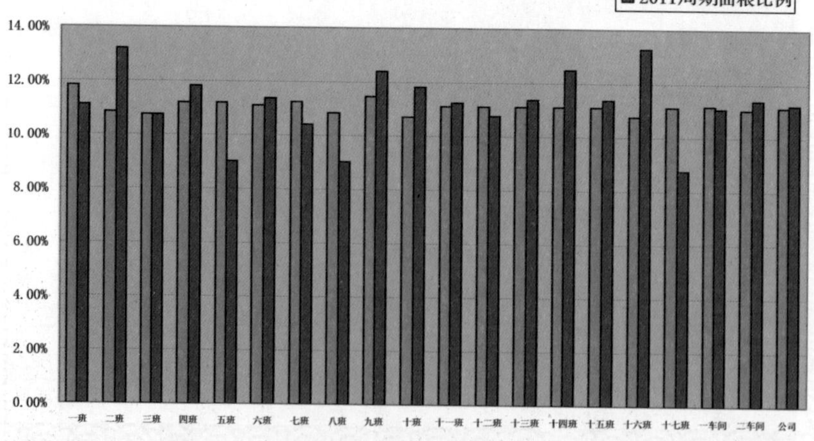

图 4-8 用曲比例图

从表 8-1 和图 8-8、图 8-9 可以看出，2012 周期下沙用曲量比例、水分控制相比 2011 周期要稳定，波动性没有那么大。2012 周期下沙各个班组水分控制没有超过 40 的；我们再来看用曲量方面。

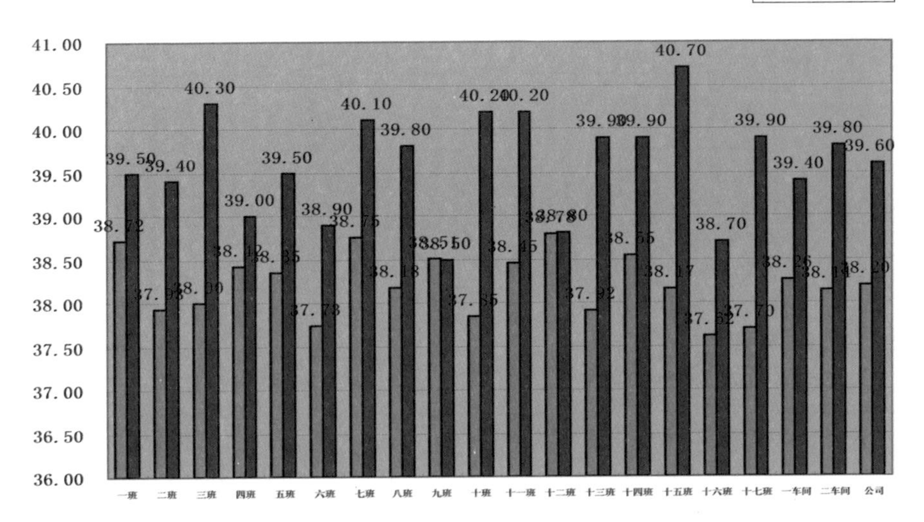

图 4-9 下沙水分图

总体用曲比例 2011 周期略偏小，但各个班组用曲比较均匀。

表 4-2 2012 周期下沙各个班组各个窖水分统计表

班组	窖一水分	窖二水分	窖三水分	窖四水分	窖五水分	窖六水分	窖七水分	窖八水分	窖九水分	窖十水分	平均值
一班	38.6	38	37.8	40.5	38.6	38.8					38.72
二班	36.8	38.7	37	37.1	39.1	38.9					37.93
三班	38.4	39	38	37.7	36.7	38.2					38.00
四班	38.1	37.1	37.2	38.2	39.8	40.1					38.42
五班	38.2	38.5	36.8	39.2	38.6	38.8					38.35
六班	37.5	37.8	36.8	38.3	37.8	38.2					37.73
七班	38.1	37.6	39.2	38.7	40.3	38.6					38.75
八班	37.9	39.4	37.2	37.7	39.2	37.7					38.18
九班			38.3	38	38	38.7	37.7	39.5	38.7	39.2	38.51
十班	38.1	38.8	35.6	36.1	39.4	39.1					37.85
十一班	40.9	38	36.1	39.4	38.7	37.6					38.45
十二班	38.1	37.5	38.7	39.3	39.3	39.8					38.78

续表

班组	窖一水分	窖二水分	窖三水分	窖四水分	窖五水分	窖六水分	窖七水分	窖八水分	窖九水分	窖十水分	平均值
十三班	38.4	37.3	37.2	37.5	38.9	38.2					37.92
十四班	40.2	37.9	38.3	37.4	38.4	39.1					38.55
十五班	38.3	36.8	36.4	38.7	40.5	38.3					38.17
十六班	38.4	38.7	35.8	36	38.6	38.2					37.62
十七班	38.2	36	34.2	37.4	39.4	41					37.70
一车间	37.95	38.23	37.56	38.46	38.64	38.72					38.26
二车间	38.83	37.67	36.54	37.73	39.15	38.91					38.14
公司	38.39	37.95	37.07	38.11	38.88	38.81					38.20

从表8-2可以看出，2012周期生产各个班组每个窖的水分情况，总体来说比较好，水分比较稳定，波动不大。只有第二个、第三个窖水分相对低一点，这是由于这两个堆子在糊化的时候遇到停电，有部分粮食不是很熟造成的，不过影响并不是很大，水分也没有偏离多少。从整个下沙过程来看，一车间水分略比二车间高。

二、操作过程控制方面

1. 原料的把关。今年全部采用陈高粱，质检部及时对高粱的淀粉、含水量以及感官判断是否有霉变、杂质等进行严格把关，没有让劣质高粱进入生产环节，为以后的多产酒、产好酒奠定了一定的基础。

2. 高粱的破碎。破碎度是酱香型白酒生产的一个关键控制点，它对全年的产量和质量有着重要的意义。如果高粱粉碎过细，可能会导致大水、大曲、大酒的现象，虽然前期出酒比较多，甚至整个周期的产量都有保证，但是酒的质量比较差，口感不好，也不符合酱香白酒“两头小、中间大”的生产规律，偏离了正中酱香白酒的工艺及风格；如果高粱粉碎过粗，会给车间的润粮带来难度，为了保证不让水淌出来，必须增加翻拌次数，给工人增加劳动强度，稍有不慎就会跑水，从而导致粮食水分低的现象，甚至有完不成产量的风险。但是只要我们把握好润粮和糊化关，那么我们的产量和质量都会有保证。故粮食的粉碎要像陈董说的“宁粗勿细”。自下沙确定高粱粉碎度以来，在陈董的指导下，质检部、总工办、生产部都严格按陈董要求，时刻对高粱的粉碎进行严格检查和把关，所以在2012周期的下沙工作中，高粱的粉碎度基本一致。

3. 润粮。润粮的目的是让粮食均匀、充分地吸水。润粮分两次，总水量为高粱总量的50%~52%，第一次润粮水为总水量的60%，第二次为30%。润粮是一个比较关键的环节，直接影响着粮食的糊化以及水分含量的多少，而润粮水温则是最关键的一环，必须达到95℃以上，在抽查的过程中，没有出现低于95℃的现象。而润粮是一个比较大的过程，要将粮食润好并不是一件容易的事情，要将粮食润到位，需要做好以下工作。

①水温必须在95℃以上。水温低了，粮食很难吸收水分，因为高粱吸水是一个快速的过程。

②不能连堆润粮，必须一甑一堆，便于润粮时的翻拌，也便于润粮时粮食均匀地吸收水分。

③倒水是一个关键。必须找熟练的人来倒，不能让生手倒水，因为生手不能把握每桶水能润多少粮食，并且倒下的水铺不开，这样容易导致粮食吸水不均匀。在下沙的过程中有些班组员工倒水就没有把握好每桶水的润粮量。有的班组干粮食还剩一小部分水就用完了，最后那点干粮食就只有直接拌入已经翻拌的粮食中了，易导致吸水不均匀；有的班组干粮食已经润完了还剩四五桶水，然后就泼在已经润湿了的高粱堆子上，因为这时已经润湿的高粱表面带水，很难再吸收剩下的那四五桶水，极易跑水，翻拌次数再多效果也不明显，还容易导致粮食水分欠缺，费力不讨好！但大多数班组都做得比较好，润完干高粱时水刚好用完，或者最多剩1桶。

④翻拌与停水。翻拌速度必须快，因为慢了水温就降低了，高粱吸水就相对困难了，容易出现淌水的现象。并且在翻拌的同时，必须有人负责停水，

保证水分不流失。有个别班组在翻拌时总是慢吞吞的，翻拌次数也很多，但总是淌水出来，真是“事倍功半”。

⑤每次翻拌后的间隙与停水维护。每次翻完过后都有短暂的间隙，让粮食在高温时刻“渥”一会儿，便于水分吸收，在此期间只要做好停水工作就可以了。第一次翻拌与第二次翻拌间隔要稍微短一点，第二次与第三次间隔相对要长一点，以后逐渐递增，但也不能间隔太长，直到翻到不淌水为止。

⑥第二次润粮必须是待第一次润粮后，粮食完全收汗才可以润第二次，并且润粮时间必须在 18 小时以上才可以上甑蒸粮。

4. 加母糟蒸粮糊化。母糟用量为高粱量的 5%~8%，母糟含有一定的酸度和部分香味物质，有利于粮食的糊化以及为微生物的生长繁殖提供微酸性环境，有利于香味物质的生成。糊化时间基本在 2 小时 10 分钟左右，糊化出来的粮食基本做到了“熟而不黏，内无生心，七分熟、三分生”的标准，并且蒸粮气压也必须控制，并不是越大越好，也不是越小越好。

5. 出甑打梗后打量水。量水用量为总投水量的 10%，水温必须在 95℃以上，并且必须是清洁水，不能是脏水，洒完量水后翻拌 3 次后摊开。

6. 摊晾、洒尾酒、加曲收堆。待酒糟冷却到 28℃ ~30℃（视天气情况而定），打梗洒尾酒，尾酒用量为高粱总量的 1.5%~2%，尾酒度数在 25 度左右，尾酒起到为微生物的生长繁殖提供环境，洒完尾酒后翻拌 3 次以上，然后加 10% 的曲药，翻拌均匀后收堆。

7. 适时下窖。待堆子温度达到 50℃左右，即堆子出面后开始下窖，下窖时加入 1%~3% 的尾酒（视堆子发酵水分而定），尾酒度数在 25 度左右，以酒养糟。

三、分析与思考

1. 就目前而言，润粮有两种方法：第一种是按正常方法润粮；第二种是“中间开花”，将水泼在干粮食堆上的中间部分，并将润湿部分翻出，然后一直这样将水用至还剩 3~4 桶时，将粮食收拢成堆，倒剩下的几桶水，然后开始翻拌。第二种方法可以减轻劳动强度，只要翻拌 3~4 次就可以保证不淌水，并且收汗比较快；但是有可能存在不均匀的现象，但从最后的润粮情况来看，似乎也是比较均匀的，所以还需要根据全年的最终结果来下结论。用第二种方法润粮的班组是一班和十五班，他们说去年也是这样润的，但恰巧去年这两个班的产量都是所在车间最高的，因此更值得观察和分析总结。

图 4-10 华泽集团 2012 年半年工作会议参观珍酒厂制曲车间

2. 下沙所用曲药存放期只有 3 个月，等到有条件的时候可以加一部分储存时间为 5~6 个月的曲药在里面。

3. 以后在做窖面酒的时候，有条件的话，可以选一部分储存时间为 5~6 个月的曲药，以及选香味比较好的曲药单独粉碎用于做窖面酒，保证香型酒的口感和质量。

【本文为贵州珍酒酿酒有限公司的《生产简报》(2012 年第 1 期)，在与 2011 年相比较的基础上，总结了 2012 年的生产情况】

贵州珍酒打造省级酱香型白酒技术中心

2014年，贵州省经信委组织专家对全省39家新申报企业技术中心进行审核验收。贵州珍酒酿酒有限公司与贵州大学联手共建的省级酱香型白酒技术中心作为2014年全省申报的唯一一家白酒类技术中心，引起业内高度关注。

图4–11 珍酒厂真正的陈年紫砂石老窑

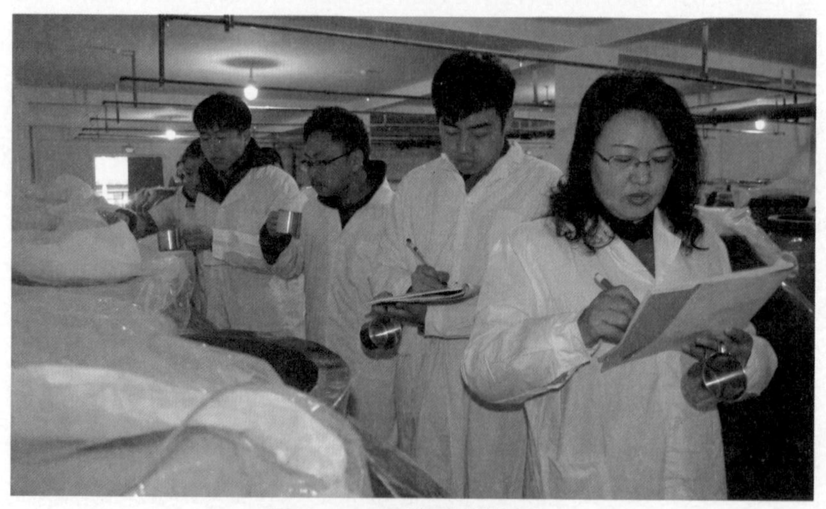

图4–12 实地采样检测

一、历经沧桑，风雨无阻

贵州珍酒酿酒有限公司，始建于1975年，即原“贵州茅台酒易地试验厂”，是20世纪70年代，为实现毛泽东主席以及周恩来总理等老一辈国家领导人“要把茅台酒搞到一万吨”的宏伟夙愿而组建。

1985年10月，以严东生、方心芳、周恒刚、曹述舜、熊子书、季克良等28位领导、专家组成的鉴定委员会给予了试制酒“色清，微黄透明，酱香突出，幽雅，酒体较醇厚，细腻，入口酱香明显，后味较长，略带苦涩，空杯留香幽雅较持久，基本具有茅台酒风格”的评语；至此“贵州茅台酒易地生产试验”历经10年艰辛探索，取得圆满成功。原国务院副总理方毅同志在亲自品尝了产品后，说:“不错！是好酒！”并亲自挥毫书写了“祝贺贵州茅台酒易地生产试验鉴定成功——酒中珍品”的题词，以给予赞赏和鼓励。

1986年6月，原贵州省经委批准贵州省遵义酿造研究试验基地成立“贵州珍酒厂”，珍酒由此开始批量生产并在市场上逐步走红，成为国家级优质名酒。但进入20世纪90年代后，在市场经济的冲击下，珍酒开始在体制、市场等方面出现了一系列问题，曾经辉煌的珍酒开始走下坡路。

2009年8月，华泽集团以8250万元竞购了原贵州珍酒厂100%的股份，并重新组建了贵州珍酒酿酒有限公司。竞购之后仅仅76天，珍酒公司就从杂草丛生、满目荒芜中破茧而出，恢复了年产1000吨优质酱香白酒的生产能力，让停滞近16年的工厂重新焕发生机。

2009年至2013年，珍酒凤凰涅槃，开创了贵州省白酒产业发展的“深圳速度”。四年企业累计投资9亿元，进行各项现代化技术改造；优质大曲酱香酒年产能达到3000吨，四年累计生产优质大曲酱香型白酒7000余吨，超产1200余吨，实现工业总产值11亿元；实现年销售额3亿元，四年累计实现销售收入9.4亿元，创造利税1.5亿元。

二、加强科研攻关，以科技带动发展，以创新寻求突破

2012年，贵州珍酒酿酒有限公司与贵州大学就共建省级酱香型白酒技术中心达成校企合作计划。2013年该项目被遵义市政府列为市重点建设项目，完成申报并挂牌。2014年，作为全省39家新申报企业技术中心之中唯一一家酱香型白酒技术中心，接受省级技术中心审核验收。

省级酱香型白酒技术中心建设有两大基石：

一是人才基石，建设人才集约型企业。企业发展近4年来，公司致力于加强优秀人才的引进及培养，技术力量持续快速增长，人才培养取得实际效应，技术队伍不断壮大，企业培养出一批优秀的中青技术、管理骨干力量。为公司实现“后发赶超，冲出经济洼地”，凝集主要的动力。

公司现有专业技术人才56人，其中本科及本科以上学历的专业人才28人。包含国家级高级酿酒工程师兼国家级特邀白酒评委1人；中级工程师17人，其中酿酒及酿造工程师10人，食品安全工程师2人，中级会计师3人；助理工程师22人；公司为技术中心配备研发人才25名。

图4–13 珍牌53度珍酒荣获“中国酒王”称号

以优秀技术人才为基石，公司创造了诸多优秀成绩。在酱香酒生产工艺基础上，创造性地提出了适合于珍酒公司的工艺指导思想：一坚守（坚守中国酱香白酒传统操作规程）；二严格（严格珍酒生产工艺，严格珍酒生产工序）；三变化（因地域变化而工艺变化，因气候变化而操作变化，因原料变化而配置变化）；四稳定（稳定员工生产情绪，稳定员工生产秩序，稳定员工生产质量，稳定员工生产进步），并成功申请国家发明专利。4年累计向国家知识产权局申报专利 94 项，已获授权 81 项。先后荣获“2012 年度中国白酒国家评委感官质量奖”“2013 年度中国白酒酒体设计奖”的殊荣，产品品质获得一致好评……

二是设备基石，打造现代化科研基地。公司技术中心大楼总建筑面积 3200 平方米，2013 年建设完成并投入使用，具备酱香型白酒全面检测、分析、研究的现代化设备及手段。拥有安捷伦气相色谱仪、安捷伦气质联用仪、谱析原子吸收仪三台大型精密仪器，能够对样品中的微量成分、塑化剂、农残、重金属等进行检测、分析及研究，在省内食品行业属领先水平；拥有紫外－可见分光光度计、双目生物显微镜、带数码相机显微镜、自动电位滴定仪、酸度计、快速水分测定仪等检测仪器；拥有生化培养箱、电热恒温鼓风干燥箱、调温调湿箱、厌氧培养箱、台式数显气浴恒温振荡器、全自动数显立式高压蒸汽灭菌器、单人垂直净化工作台、电热鼓风干燥箱、高速万能粉碎机等基础实验设备。

图 4–14 贵州珍酒酿酒有限公司 2013 年度技术总结会

贵州珍酒酿酒有限公司省级酱香型白酒技术中心固定资产净值达 770 万元。现设置有研发中心、质检中心、工程技术中心、知识产权中心、产业信息研究中心等科研部门，下设办公室、培训中心等后勤辅助部门。由贵州珍酒酿酒有限公司董事长、总工程师、国家级高级酿酒工程师兼国家级特邀白酒评委陈孟强出任技术中心主任。组成外聘专家委员会，专业指导技术中心科研工作，外聘有江南大学副校长、教授、博士生导师徐岩，贵州省食品工业协会副会长王遵，贵州大学酿酒与食品工程学院院长、省管专家、博士生导师邱树毅等权威专家。

贵州珍酒酿酒有限公司省级酱香型白酒技术中心通过企业自筹，筹集科研经费 1000 余万元；目前已投入科研经费 299 万元。主要研究方向有：

图 4–15 珍酒的酿制过程

优质大曲酱香型白酒产品研究项目，包括酒体检测、分析、研究及产品研发等。

优质大曲酱香型白酒生产工艺研究项目，包括工艺技术改进、白酒酿造过程节能降耗研究及循环经济研究等。

2012 年 10 月，与贵州大学酿酒与食品工业学院共同进行“产学研”合作研究项目——“贵州珍酒酿酒有限公司微生物生态、酿造微生物分离纯化及功能微生物筛选研究项目”。研究项目划分三项子课题“珍酒酿造环境微生物微生态研究”“酱香型珍酒大曲的微生物体系研究”“珍酒酿造过程微生物体系研究”同步进行。2013 年底，研究项目第一阶段工作圆满结束，并取得丰硕成果。项目研究通过微生物分离纯化、功能微生物筛选，分离得到珍酒公司酱香型白酒酿造过程有益菌种 8 株，其中 2 株菌株的研究成果已获国家知识产权局发明专利授权，另有 3 株菌株研究成果正在申报发明专利。形成研究成果文章 6 篇，其中《酱香型白酒产业现状及未来发展趋势》和《酱香型白酒生产过程中现代科技应用及发展趋势》已在国内专业期刊发表，另外4篇即将发表，为珍酒公司酿造高品质酱香型白酒起到了指导性作用。

2013年10月，公司向省科技厅申报工业科技攻关项目——利用功能微生物强化易地生产高品质酱香型白酒关键技术研究。项目科研资金100万元，其中企业自筹50万元，申请科研经费50万元。研究项目获得省科技厅批准，目前正式进入实施阶段。

项目概述：

酱香型白酒生产主要集中在贵州茅台地区，易地生产酱香型白酒受环境、气候等条件影响，酱香型白酒产量及质量有待提高。前期通过与贵州大学合作开展“贵州珍酒酿酒有限公司微生物生态、酿造微生物分离纯化及功能微生物筛选研究项目”，对酱香型白酒生产过程进行了分析和跟踪研究，已分离筛选了对高品质酱香型白酒生产有重要作用的功能微生物，并成功应用于强化易地生产高品质酱香型白酒。为进一步放大实验规模，在前期已有研究工作基础上，需进一步对分离获得的功能微生物进行研究，重点从制曲过程、酿酒过程开展功能微生物强化工艺技术研究，研究强化易地生产高品质酱香型白酒的关键技术，提高酱香型白酒优质品率，实现易地生产高品质酱香型白酒的目的。

项目主要研究内容：

进一步研究易地生产酱香型白酒制曲及酿造生产过程中微生物区系、微生态变化、环境主要微生物等微生态构成及变化规律与酱香型白酒优质品率的关系，尤其是强化产酱香发酵过程中微生物菌群多样性特征。

研究利用分离筛选的功能微生物，通过强化制曲方式提高大曲的生化性能，研究强化大曲制备工艺和质量控制。

研究利用分离筛选的功能微生物，通过强化发酵工艺技术，提高窖内发酵体系的生香功能，增加酱香，提高酱香型白酒优质品率。

【本文由贵州珍酒酿酒有限公司提供，原标题为《构建以科学技术为第一生产力的创新型企业——贵州珍酒酿酒有限公司建设省级酱香型白酒技术中心》】

酱香之魂——再议“珍酒·惠民工程”

杨光焕

2014年5月13日，记者有幸参加华泽集团旗下贵州珍酒酿酒有限公司（以下简称“珍酒”）在红色圣地遵义举办的“我是名酒，我更是民酒”珍酒·惠民工程高峰论坛。该论坛宣布推出3L装“珍酒2009封坛酒”，凡持有贵州本地户口的消费者，凭户口本可以720元/坛的价格购买。此次惠民工程预计将覆盖贵州百万家庭，累计让利超过10亿元。

图4–16 珍酒系列产品

5年前，珍酒还是一片“沉寂”；而今天，珍酒却成功实现了“凤凰涅槃”。这个全新的企业不仅在发展上取得了巨大成功，而且在关注民生上也一如继往，好评连连。一次偶然的机会，记者得以走进企业掌舵人陈孟强的办公室，看到墙上挂了一幅著名军旅书法家赠给他的作品“酱香之魂”，隐约明白了珍酒的“成功之道”在哪里。

2009年，珍酒厂被华泽集团以8250万元全资收购，并改制重组为贵州珍酒酿酒有限公司。华泽集团诚挚邀请原贵州茅台酒厂集团高级工程师、酱香型白酒泰斗级专家之一的陈孟强作为公司名誉董事长兼总工程师，在强大的集团实力和全新的精英团队支持下，珍酒尊重并严守正宗酱香工艺，开创性地总结出“一坚守、二严格、三变化、四稳定”的生产工艺指导方针，逐步实现了跨越式发展。2013年6月，珍酒“窖藏1985”荣获2013年度“中国白酒酒体设计奖”。

通过深入了解，记者获悉，陈孟强在茅台的40年，不仅为茅台酒的发展与跨越奉献了青春与智慧，更是掌握了国酒生产的技术精髓。2009年陈孟强到任时，珍酒百废待兴，但他看重的是珍酒这个“易地茅台”金字招牌，看重的是毛泽东、周恩来等伟人对珍酒振兴的夙愿，看重的是吴向东董事长的充分信任与重托，最重要的是他想为贵州白酒的发展贡献自己的毕生技艺，创造“离开茅台也可以酿造出‘正宗酱香白酒’”的神话。

珍酒敢于提出“争当酱香第二、甘当酱香第二”“酱香白酒第一杯”等战略目标，是因为珍酒拥有陈孟强这个“魂”。在管理上，他有长期执掌贵州茅台集团技术开发公司的经验，获评为高级企业管理师；在酿酒技术上，他实现了多次技术创新与突破，被评为高级酿造工程师、中国酒界杰出人物；在技术的“产学研”上，他不仅培养了一批技术过硬的酿酒师和勾调师，还被聘为贵州大学首批白酒硕士研究生的特聘导师。

中国食品工业协会白酒行业委员会秘书长马勇曾说，珍酒如果仅仅靠“易地茅台”来发展，将很难突破。令人欣喜的是，在陈孟强这个团队的攻关下，珍酒检测出了连茅台酒都没有的3个以上的微生物群，这就是创新，这条路走下去珍酒将大有可为。据统计，目前珍酒已达到年产优质大曲酱香型白酒3000吨的产能，2014年前4个月的销售量及销售业绩较上年同期增长100%，在当今白酒业绩普遍下滑的情况下，珍酒完全称得上是“一枝独秀”。

在接受媒体采访时，中国酱酒界泰斗级人物、珍酒总工程师陈孟强曾表示："珍酒一直秉承着生而为民酒的使命，坚守传统工艺，创新科学技术，保证稳定的正宗酱香品质，是一款具有个性、难得的正宗酱酒。"

但愿陈孟强这个"酱香之魂"，在珍酒的发展上成为一盏指明灯、指向灯、永恒灯……

珍酒靠品质和文化“重振”雄风

贵州珍酒酿酒有限公司

品质是“重振珍酒”雄风的保障

当时代把“重振珍酒”的责任交给华泽集团这个投资主体和经营管理团队时，他们注重的是未来珍酒企业的“成长速度”和企业的“成长品质”。这让员工、经销商、战略伙伴和投资者着实感触到珍酒品牌、珍酒产品和珍酒市场的“核变量”，内心充满对自我价值实现的满足感和荣誉感。

“抓品质”成了珍酒人一切工作的重中之重。吴向东董事长从茅台集团聘请来了具有茅台酱香技术专业的人才，提出了“一坚守、二严格、三变化、四稳定”的工艺方针，建立了《质量管理体系》《环境管理体系》《职业健康安全管理体系》《食品安全管理体系》，从根本上保证了珍酒的高品质。2010年9月，在遵义召开的中国（遵义）酒类博览会上，珍酒及其系列产品以浓厚的酒文化底蕴、优异而典型的白酒质量风格，深深吸引了消费者的眼球，牵动着消费者的心灵。2012年6月，在苏州召开的中国食品工业协会白酒国家评委年会上，珍酒系列产品“53度酱香型精装珍酒”凭借酱香馥郁、优雅圆润、醇厚味长、空杯留香的卓越品质一举夺冠，荣膺2012年度中国白酒国家评委感官质量奖。2012年3月，贵州珍酒酿酒有限公司以白酒优秀企业身份昂首走进德国杜赛尔多夫国际酒类专业真正的高原半坡糯红高粱展厅，见证了每年一度的全球酒界盛会。

“十二五”期间，贵州珍酒酿酒有限公司投入资金10亿元，年产能力达到5000吨，基酒储存能力10000吨，销售收入达到10亿元，实现利税4亿元，就业人数1800人，人均产值100万元。把珍酒打造成为近似茅台的强势品牌，把“大元帅”打造成贵州中低档酱酒的第一品牌，将企业建设成为生产、生态、旅游的产业基地。

到“十三五”期间，公司投入资金20亿元，在遵义市汇川区境内征地800~1000亩，新建一个酿造基地，形成年产10000吨优质大曲酱香型白酒的生产规模，储酒能力40000吨；力争在2020年实现销售收入30亿元，实现利税17亿元，上缴税金10亿元，人均产值150万元，为社会新增2500~3000个就业岗位，带动2万~3万户红高粱种植农户增收，极大地拉动白酒产业上、下游产业链。把珍酒建设成为集生产、生态、旅游观光于一体的产业基地，让贵州珍酒公司成为一张遵义市生态工业的示范名片。

“未来十年，中国白酒看贵州。”这是贵州省委、省政府向贵州白酒界发出的动员令。

自2011年贵州省委、省政府提出将白酒产业打造为千亿元产业后，便很快打出一系列的组合拳：制定了《贵州省“十二五”白酒产业发展规划》《关于促进贵州白酒产业又好又快发展的指导意见》；在仁怀市召开全省白酒产业发展大会；以大会精神为主线，建立贵州省酒业管理办公室；提出了打造白酒产业的七项措施；及时举办规模盛大的酒博会；建立白酒工业园区；确定2015年前重点扶持的“一大十星”名优白酒企业（贵州珍酒公司名列其中）。

图4-17 珍酒成品包装工序

在贵州珍酒公司看来，国发 2 号文件和贵州省一系列的白酒产业发展措施，犹如历史的“催促声”，让他们感到重振珍酒的责任感和紧迫感；一项项国家和社会赋予的荣誉，犹如时代的“呼唤铃”，让他们树立了重振珍酒的自觉性；贵州省“十二五”规划的远景，犹如强心剂，让他们增强了重振珍酒的自信心！

珍酒人懂得，在机会面前，速度是决定“珍酒重振”的必然基础。贵州独特的酿酒环境和工艺，悠久的酿酒传统和文化，赋予了贵州白酒与众不同的“后发优势”。在速度背后，品质是决定“珍酒重振”的必然保障。贵州珍酒公司以健全和完善的现代企业制度、规范的企业行为和稳健的企业精神，立足于精细化管理和细节决定成败的企业成长原则，认真做好每一件事，认真酿好每一瓶酒，认真落实到每一个点，并以担当的精神坚守诚信至上的信念，以卓越的企业成长品质确立企业的价值和地位。珍酒人坚信，只要坚持信念，坚定企业价值观，坚守市场竞争观，坚持循序渐进的工作方法，水滴石穿的工作哲学，就能成为消费者和社会公众尊敬的企业，就能激发新的潜能，无限创造新的珍酒。

图 4-18 珍酒公司新建五星级会所

随着贵州振兴白酒产业的战略开启，贵州白酒即将踏上充满希望的新征程。贵州珍酒经过三年的实践探索，更加充满了自信，一幅新蓝图正在珍酒人心中打开，把“珍酒”打造成为近似茅台的强势品牌，把“大元帅”打造成贵州中低酱酒的第一品牌，将是珍酒人的历史重任。

企业文化是重振珍酒的精神支柱

企业文化是现代企业发展的精神力量，珍酒人深知没有文化的企业是苍白的，在市场竞争中必然遭淘汰的道理，公司在抓恢复生产的同时，特别注重企业文化建设，通过一系列活动，调动员工的生产积极性，促进员工队伍的建设，提高企业整体素质，确保实现企业提出的发展目标。

附录：

打造世界酱香白酒产业基地核心区

【本文为贵州仁怀市委文件（仁发〔2019〕1号），原标题为《中共仁怀市委关于打造世界酱香白酒产业基地核心区　推动工业经济高质量发展的意见》，在2019年1月24日中共仁怀市委第六届委员会第三次全体会议上通过。由中共仁怀市委办公室2019年2月2日印发】

为深入贯彻落实省委、省政府“一看三打造”[①]战略及遵义市委、市政府关于“打造世界酱香白酒产业基地，推动工业高质量发展”要求，切实做足酒文章，努力扩大酒天地，把仁怀打造成为世界酱香白酒产业基地核心区，引领和推动全市工业经济高质量发展，提出如下意见。

一、总体要求

（一）指导思想

以习近平新时代中国特色社会主义思想为指导，深入贯彻落实党的十九大精神和习近平总书记在贵州省代表团重要讲话精神，按照统筹推进“五位一体”总体布局和协调推进“四个全面”战略布局要求，以“五大发展”理念为引领，以供给侧结构性改革为主线，突出盘活存量与优化增量并重、改造提升与转型发展并重、做优品质与打造品牌并重，深入落实“一看三打造”和“再造一个茅台”[②]战略部署，强力实施“九大工程”[③]，着力构建1个具有全球影响力的白酒产业集群（“1314”[④]产业集群）、打造2个具有核心竞争力的原产地域保护基地（酱香白酒生产基地和有机原料种植基地）、建设3个具有行业引领力的支撑中心（酱香白酒收储检测和技术研发中心、酱香白酒标准缔造和价格形成中心、酱香白酒品牌聚集和文化体验中心），形成世界酱香白酒产业基地核心区，为建设赤水河流域区域性中心城市、推动仁怀高质量发展而夯实工业基础。

（二）基本原则

——坚持市场主导、政府引导。充分发挥政府规划引领作用，尊重市场经济规律，运用市场机制优化资源配置，鼓励和引导社会资本参与世界酱香白酒产业基地核心区建设。

——坚持质量第一、效益优先。按照“提品质、树品牌、优品种”思路，坚守和传承酱香白酒独特工艺，提高准入门槛，以质量和品牌推动工业经济高质量发展。

——坚持产业提升、融合发展。统筹推进“一区多园”⑤平台建设，发挥白酒产业“带一联三”⑥作用，促进“酒 +X”融合发展，提高世界酱香白酒产业基地核心区辐射带动作用。

——坚持技术创新、绿色发展。强化种子培育、产品研发、节能增效、生态环保，促进科研和技术进步，不断提高标准化生产水平，创新产业发展模式，构建梯次产业集群。

——坚持品牌战略、集聚资源。充分发挥“茅台酒”品牌引领作用，着力提升“仁怀酱香酒”中国地理标志证明商标和“全国酱香型白酒酿造产业知名品牌创建示范区”影响力，形成一个世界级品牌引领、一个世界酱香白酒核心产区为支撑的世界酱香白酒产业核心区品牌。

（三）发展目标

经过7年的努力，把仁怀建设成“生态基础最牢固、生产工艺最独特、产品品质最卓越、标准体系最权威、产区品牌最响亮、酱酒文化最鲜明”的世界酱香白酒产业基地核心区。

——近期目标：到2020年，全市白酒产量达到35万吨（茅台集团15万吨，地方白酒企业20万吨），白酒工业总产值达1000亿元以上，实现税收450亿元；茅台集团率先成为全国千亿级白酒企业，“1314”产业集群基础夯实，“中国酒都·仁怀酱香”特色产区效应大幅提升，成功创建国家级经开区，世界酱香白酒产业基地核心区初步形成。

——远期目标：到2025年，全市白酒产量达到45万吨（茅台集团20万吨，地方白酒企业25万吨），白酒工业总产值达1500亿元以上，税收突破600亿元；茅台集团成为千亿级世界一流企业，“1314”产业集群初具雏形，国家级经开区发展平台基础稳固，白酒上下游产业链健全完善，“中国酒都·仁怀酱香”特色产区驰名中外，世界酱香白酒产业基地核心区全面建成。

二、主要任务

（一）强力实施“龙头引领工程”。突出茅台集团引领作用，出台政策措施倾力服务茅台集团多元化发展和打造世界一流企业，带动地方酱香白酒产业加快发展。

1.发展规划全力支持。编制全市城市、产业、用地、交通等专项规划时充分听取茅台集团意见建议，积极对接茅台集团发展战略规划，确保茅台集团发展战略需求。对茅台集团中长期发展区域实行严格管控，坚决防止茅台集团规划区域内新增违法违章建筑。

2.用地指标全力满足。努力做到茅台集团用地指标优先、报地优先、供地优先。用好“占用永久基本农田重大建设项目用地预审”有关政策，推动土地市场开发和节约集约利用，大力开展低效建设用地和存量土地清理，整合土地资源用于支持茅台集团旗下产业及配套项目建设用地需求。

3.项目建设全力服务。围绕项目谋划、前期准备、手续办理、项目实施、竣工投用等各个环节，推行茅台集团相关项目审批“全程代办”、项目建设“保姆式”服务，各类手续在法定办理时限基础上压减50%以上。涉及茅台集团相关项目所需的水电路气讯等要素保障和配套设施建设，出资由厂市协商，及时保障茅台集团发展需求。

4.发展环境全力保障。严格执行《贵州省赤水河流域保护条例》《贵州省赤水河流域环境保护规划》，努力推动保护茅台酒酿造环境生态安全立法，在茅台酒厂厂区和茅台镇核心区全面推行绿色交通，全力保护茅台酒生态环境安全。建立厂市打击侵犯茅台酒茅台知识产权联席会议制度和快速反应联动机制，保持打击侵犯茅台集团知识产权行为的高压态势。围绕征拆安置、信访维稳、群工服务等重点，着力解决各类历史遗留问题，切实维护茅台集团正常生产经营秩序。

（二）强力实施“产区塑造工程”。坚守和维护仁怀不可复制的酱香型白酒原产地和主产区地位，强力塑造世界酱香白酒产业基地核心区产区形象。

5.打造具有世界影响的地域符号。用5—10年时间，围绕“三打造”持续提升，突出“茅台镇”世界知名地域品牌带动，大力推动以“酒”为中心的产区建设、文化建设，巩固茅台酒世界蒸馏酒第一品牌地位，把茅台镇打造成全国酱酒中心，把仁怀市打造成中国酒文化之都和白酒强市；持续发力挖掘产区品牌价值、提升全国知名品牌示范区影响力，确保仁怀酱香白酒主产区在世界产区中的品牌优势。

6.打造具有世界影响的地理标识。坚持“茅台酒”地理标识引领，发挥“仁怀酱香酒”中国地理标志证明商标的带动作用，出台使用管理办法；争取将贵州酒博会主会场设在仁怀，通过积极参与国际国内高端权威论坛、交流等活动，提升特色产区关注度和知名度，推动“产区品牌”代替“产品品牌”，提升“仁怀酱香酒”地理标识影响。

7.打造具有世界影响的品牌产区。深入实施“品牌强市”战略，以仁怀“全国酱香型白酒酿造产业知名品牌创建示范区”为引领，强化与世界知名白酒产区交流合作，推进品牌提升、质量强市和产学研联盟行动，构筑世界酱香白酒品牌文化高地。到2025年，新增酒类中国驰名商标、中国名牌产品、中国质量奖、省长质量奖3—5件，形成10个以上产品附加值高、市场影响大、经济效益好的世界名酒品牌，同时启动市长质量奖。

（三）强力实施“平台提升工程”。坚定“培育千亿产业、打造千亿园区”目标，大力增强经开区“一区多园”的企业吸附力、行业集聚力、产业承载力，力争用2年时间，推动园区国家新型工业化产业示范基地（名优·白酒）提档升级，把仁怀经开区创建成国家级经济技术开发区、世界酱香白酒生产基地、酱香白酒产业发展综合平台。

8.促进资源向经开区平台聚合。强化经开区要素保障，用地指标、优惠政策、公共服务等向经开区倾斜，加快经开区“一区多园”骨干路网、公路交通、水电气讯、消防环保等基础建设，市级财政重点倾斜经开区技术改造工作、节能减排、环保建设等，支持经开区在政策内采取更为灵活的招商引资政策、发债融资模式，统筹经开区项目拆迁安置与涉及乡镇（街道）棚户区改造工作。按照“一区多园、统一规划、独立运行、信息共享”原则，精准定位经开区和各园区发展功能，进一步理顺经开区、园区管理体制和工作机制；试行更加有利于经开区发展的财税分享机制。

9. 促进企业向经开区平台集中。围绕把经开区建设成为“五个世界级示范基地”⑦的定位，大力引进酱香白酒企业及关联产业企业入驻经开区，优先支持茅台集团子公司、旗下企业和关联企业向经开区集聚。以“双千工程”⑧为抓手，着力引进一批500强企业和行业龙头企业入驻经开区；鼓励经开区本土企业通过兼并重组、合资合作、交叉持股等方式发展成外向型龙头企业。到2020年，经开区入驻企业200家以上，其中优强企业20家以上；到2025年，经开区入驻企业250家以上，其中优强企业40家以上。

10. 促进产业向经开区平台聚集。充分发挥经开区白酒产业对其他关联产业的拉动作用，优化经开区主导产业和配套产业布局，大力实施园区产业服务工程，围绕生产生活性服务重点，加快规划建设商住服务区，聚集商业网点、研发设计、包装印务、餐饮服务、休闲娱乐、商贸物流、电子平台、信息中介、评估咨询等服务产业。大力发展“酒＋旅游”产业，用1—2年时间把仁怀名酒工业园打造成国家新型工业化旅游示范区和4A级旅游景区。

（四）强力实施“集群培育工程”。坚持以环境容量确定产能，严格执行《仁怀市酱香酒产业区域布局规划》和规范发展区、限制发展区和禁止发展区“红线”；以供给侧结构性改革为主线，按照“抓大、扶中、限小”思路规范酒业发展，培育企业集群。

11. 全力支持大型酒企做优。从资源供给、政策倾斜、财税支持等方面大力支持，推动国台、百年糊涂、云峰、钓鱼台等地方优强企业持续做优，打造一批销售收入上亿元、税收贡献上亿元的地方大型白酒“旗舰”。支持仁怀酒投公司做成酒业经济大实体、大集团，发挥其在白酒产业融资开发、基酒收储、产品营销、宣传推介等方面的引领作用，力争在2025年打造成百亿市值上市公司。定期组织开展仁怀市“十强”白酒企业、“十大”金质名酒评选活动。

12.着力扶持中型酒企做强。以“千企改造”“万企融合”为推动，筛选一批具有发展潜力的白酒企业，引进战略投资者和国内外优强企业采取收购、合股、兼并、重组等方式，带动白酒中小企业转型升级；着力招大引强，重点引进国内外投资集团或500强企业，以兼并收购白酒企业、开办新的白酒生产企业等方式，发展一批市场前景好、产品销路广、品牌影响强的白酒企业。

13.坚决整治规范小作坊。以“资源集约”为导向，围绕“一年扭转、两年理顺、三年规范”步骤，深入开展白酒小作坊专项整治行动，实现有限资源效益最大化，彻底消除产品质量、安全生产、资源利用等方面的问题和隐患。到2025年，力争形成1个千亿级、3个百亿级、10个十亿级、40个亿元级的酒企梯度集群。

（五）强力实施“产业配套工程”。围绕打造世界酱香白酒产业基地核心区目标，紧扣酱香白酒产业发展需要着力强化全产业链建设。

14.巩固酒用原料“第一车间”。提升茅台酒专用本地糯高粱品质，积极申请“仁怀糯高粱”原产地保护，建立有机高粱种子基因库和种子科研中心，加快选育3—5个优质品种；制定有机高粱生产标准和高粱基地建设标准，强化有机地块“红线”管控和配套设施建设，打造有机高粱种植示范区；持续推行“订单种植、合同收购”模式，制定白酒与原料价格同步增长机制，切实提升粮农收入和保护种粮积极性，确保有机高粱常年种植面积35万亩以上，到2020年有机地块认证50万亩以上。鼓励和支持地方酒企和农业企业在周边县（区、市）发展原料基地，有序解决地方酒企用粮需求，缓解市域内原料供应不足问题。

15.做强酒关联产业链。紧扣白酒产业链，围绕白酒包装印刷、仓储运输、商贸会展、研发设计、品牌运作、现代营销、糟物处理等生产性配套服务产业，加快推进坛厂100万吨高粱、小麦仓储中心和贵州酱香酒交易中心、仁怀酱香酒道馆等重点项目建设，加快建设空港物流园、酒都智慧物流园、华夏民族酒文化博览园等产业服务平台；围绕白酒交易商业发展需要，规划发展一批商业网点、金融街和宾馆酒店、特色餐饮、休闲娱乐等生活配套服务产业。到2025年，培育10家以上白酒配套产业骨干企业。

16.拓展“酒+X”产业幅。积极顺应现代业态衍生发展趋势，努力探索“酒+文化”“酒+大数据”“酒+大健康”“酒+大旅游”“酒+金融”等发展路径，大力发展一批休闲娱乐、健康养生、文化旅游等现代高端的承接产业，大力建设世界名酒文化旅游带和酱酒文化体验中心；推进白酒产业与现代新兴产业深度融合，增强酱香白酒产业基地核心区的时代性、稳定性和承载力。

（六）强力实施“市场拓展工程”。按照“巩固核心市场、提升重点市场、挖掘潜力市场”思路，找准市场定位，丰富营销方式，创新营销手段，不断扩大酱香白酒市场占有率。

17.面向市场优化产品档次。坚持以市场需求为导向，引导企业紧跟消费升级趋势，注重研究市场变化、细分消费市场，在个性化定制、柔性化服务、用户体验等方面进行创新，着力开发“老中青、高中低、大中小瓶”等适合不同消费群体、不同消费需求的产品，不断提高产品精准化供给水平，培育壮大酱香酒消费群体。

18.紧跟时代创新营销模式。充分利用“互联网+”、大数据等手段，加强与名酒世家、酒便利、酒仙网、“1919”、酒直达、歌德盈香等全国知名新零售酒类电商合作，拓展“三网两线”⑨销售渠道，促进线上线下互动融合发展。

19.巩固基础提升国内市场。跟进茅台集团酒品销售网点，持续开展仁怀酱香酒产区品牌推介活动，布局仁怀酱香酒营销网络；拓展仁怀酱香酒道馆等实体连锁平台，巩固现有区域样板市场；支持重点企业在全国开设品牌店、旗舰体验店和连锁经营网店，借鉴“沙县小吃”模式，实施“千城万店”营销计划，拓展友好城市、三四线城市以及地级、县级城市市场，加快构建全国性市场营销大网络。

20. 大力拓展开辟境外市场。围绕“一带一路”线路，以“仁怀酱香酒世界行”活动为载体，重点瞄准海外华人市场，宣传酱香白酒特色文化，培育酱香白酒消费群体，拓展国际营销渠道。发挥好仁怀酒业协会的桥梁纽带作用，深化与中国酒业协会、中国食品工业协会、中国酒类流通协会等合作，搭建与世界行业间的交流合作平台，支持鼓励有实力的地方白酒企业拓展境外市场、开拓国际市场。

（七）强力实施“工艺传承工程”。以茅台酒传统酿造工艺为引领，接续接力传承好酱香白酒酿造传统工艺，大力建设世界酱香白酒标准缔造、技术检测和技术研发中心。

21. 致力于工艺遗产保护。切实保护茅台酒酿造工艺国家级非物质文化遗产，大力推进世界遗产申报；将酿酒重点文物列入市级文物保护项目，梳理筛选工艺、礼仪、酒俗等列入市级非遗项目保护；支持酿酒工艺各类遗产申报，推进一批工艺遗产进入国家、省级保护名录。支持地方白酒企业挖掘工艺文化、收集遗存遗迹、整理发展历史等建设博物馆、展陈馆，保护一批反映酱香白酒工艺发展历程的酿造器具和古窖坑、旧作坊、曲药房等，让酱酒酿造的神秘工艺和厚重历史可追溯、可触摸、可观感。

22. 大力培育工艺传人。搭建白酒产业工艺技术传人培育平台，围绕白酒酿造工艺各环节，每两年开展一次全市十大酱酒工匠、十佳勾兑师、十佳品酒师、十佳曲药师和100名酿酒工匠能手等评选活动，大力培养神秘酱香白酒酿造工艺传承人；引导地方白酒企业弘扬工匠精神，提高工艺传承人收入；编撰出版地方酱酒知识校本教材，大力推进酿酒技术工艺知识进仁怀职校专业课、进中小学生课外普及读物。

23. 着力健全标准体系。建立健全覆盖酱香白酒全产业链的标准体系，把握世界酱香酒标准话语权。筹建中国酱香标准委，修订并完善《仁怀大曲酱香酒技术标准体系》，发布并实施省级食品安全地方标准——《仁怀大曲酱香一至七轮次基酒》和《仁怀大曲酱香酒综合基酒》标准。充分发挥白酒行业自律作用，深化实施“仁怀酱香酒”团体标准，引导酒企坚守酱香白酒纯粮固态发酵传统生产工艺底线和质量安全底线；开展白酒企业标准化建设、质量安全标杆企业创建等活动，促进酱酒酿造工艺规范化标准化。

24.着力完善技术服务平台。积极争取建立酱香酒产业发展研究院，携手知名高校、行业协会等，探索建立设计、包装、检测等资源融合的酱香白酒研发协作机制；依托茅台学院、酒检中心支撑，推动产学研服务平台和国家级、省级技术研究中心、重点实验室、院士工作站等高端研发平台建设，发展质量检测、工艺创新、产品设计服务；加强与国际国内先进检验检测技术公司交流合作，有效整合仁怀质检院平台检测资源，围绕“酒”积极筹建国家级酿酒原料、包装材料等检测平台，打造中国酱香白酒质量检测服务高地。

（八）强力实施“人才振兴工程”。深入实施“人才强市”战略，坚持把白酒产业人才振兴作为重点，打造世界酱香白酒产业人才高地。

25.组建一支酒业决策咨询团队。坚持“立足本土、内育外引”原则，采取灵活方式聘请国际国内行业知名专家学者，组建酱香白酒产业发展专家委员会；依托茅台学院专业人才，优选地方酒业管理经营杰出代表，通过政府购买社会服务的方式，组建仁怀酒业发展决策咨询中心，为全市酒业发展决策献计献谋、提供咨询服务。

26.培育一批白酒技术领军队伍。综合运用各类人才政策资源，围绕白酒发酵、制曲、酿造、勾调、包装等技术环节，支持和引导地方白酒企业通过外地引进、选送培养、一线锻造等方式，培养一批白酒酿造及产品研发等领域的学科带头人、学术带头人。实施酒业专家人才培养计划，将地方白酒行业专家、优秀人才列入市管专家、市管人才项目，引导企业提高技术工人待遇。定期开展“酿酒大师”“酿酒工匠”“一企一名师”评选活动，推动酒业名师、酒业工匠脱颖而出。到2025年，全市酿酒大师、工匠达50人以上，酿酒名师500

人以上，国家级、省级评酒委员10人以上。

27.打造一批白酒产业实用人才。围绕原料生产、白酒酿造、科技研发、市场营销等领域，加快白酒产业技能人才特别是高技能人才队伍建设，加强职业教育、岗前培训和在职教育，鼓励用工企业和培训机构对一线产业工人开展定向培训、订单培训，不断满足白酒发展实用人才、营销人才、产业工人需求。到2025年，全市培育白酒产业实用技术人才30000人以上、营销人才1000人以上。

（九）强力实施“文化弘扬工程”。以中华优秀传统文化传承发展工程为载体，按照“国酒为根、文化为魂、旅游为媒”思路，挖掘酱酒文化历史精髓，弘扬酱酒文化工匠精神，提升酱酒文化综合效益。到2025年，建成中国酱酒文化体验和酒文化衍生中心。

28.厚植酱酒文化内涵力。大力推进茅台世界文化遗产申报，支持帮助有条件的企业积极申报国家非物质文化遗产；编撰发行涵盖酱香白酒工艺、文化、市场等领域的《酱香酒文化丛书》；提升中国酒文化城影响力，丰富茅台古镇文化产业园内涵；着力加强产区文化建设，规划建设赤水河酱香酒文化长廊、世界酱酒文化城等项目；传承好茅台祭水大典和酿酒师、勾调师“拜师礼”，举办各种形式的酒旅文化节、红高粱节和端午祭麦、重阳祭水等特色酱酒文化活动，大力涵养世界酱酒产区人文之美。

29.增强酱酒文化阐释力。提升茅台集团“全国工业旅游示范点”影响，推进国家级茅台工业旅游创新示范区建设，促进酱酒文化与红色文化、盐运文化、民俗文化等融合，着力打造世界名酒文化旅游带、酱酒文化展示体验项目、文化旅游精品项目，提档升级一批集文化展示、休闲娱乐、商业合作于一体的精品酒庄，办好《天酿》文化演艺项目，将华夏民族酒文化博览园建成世界知名酒文化风情小镇。

30.提升酱酒文化影响力。深入谋划开展“五个一”[⑩]酱酒文化传承弘扬活动，精心开发富有仁怀印记、具备收藏和观赏价值的便携式文化旅游商品；发起筹办国际性烈酒学术研讨交流活动，深入开展仁怀酱香酒中国行、世界行等活动，大力推动文化营销，扩大仁怀酱香酒文化认知率和认可度。

三、保障措施

（一）强化组织保障。成立打造世界酱香白酒产业基地核心区推进工业经济高质量发展领导小组，统一组织领导和协调落实各项工作。建立“服务白酒企业市长直通车”专线电话平台，受理转办企业政策咨询、投诉举报、建议意见，切实维护企业合法权益。建立领导干部联系挂帮白酒企业制度，对重点企业、重点项目实行“一企一策”“一项目一专班”对口服务，依据法律法规和政策限时解决企业发展各种困难问题。探索发起白酒企业律师志愿服务，为重点白酒企业免费提供决策法治咨询，帮助企业完善内部治理结构。

（二）强化财税支持。市级层面每年安排不低于1亿元的白酒产业发展资金，主要支持白酒产业集中区品牌打造、人才培养、市场营销和产业链建设。大力支持企业上市，除兑现省和遵义市奖励政策外，企业在境内外主板上市的，市政府再奖励700万元；在境内外创业板、中小板上市的，再奖励500万元；在全国中小股份转让系统（新三板）成功挂牌的，再奖励50万元。大力支持企业兼并重组，全面落实“营改增”[11]国家有关税收优惠政策，市内酒类企业实施并购重组后，年入库税金在500万元以上且较上年增长10%以上的，由财政按并购净资产的0.5%给予补助，补助金额最高不超过100万元。

（三）强化金融创新。深化银行、政鑫担保公司、企业的合作，以酒投公司为主体设立白酒产业发展基金，做大白酒工业企业短期转贷资金池规模，力争2025年达到20亿元。探索设立民营酒企纾困发展基金，建立银政企资金发展投贷联动体系。对政鑫担保公司增资扩股，引进社会资本成立1—3家规模达2亿–3亿元的担保公司。加大“引金入仁”力度，鼓励金融机构针对酱香酒生产周期特点和政策导向，综合运用信贷和资产证券化、金融租赁、产业基金、直接融资等方式开发特色信贷产品，多元化、多层次支持白酒企业发展。引导和鼓励企业开展资本运作，探索发展酱香白酒期货期权交易、仓单交易、供应链金融等业务，解决酱香酒储存周期中的市场流通问题。把重点白酒企业列为信用担保体系的优先扶持对象，帮助企业建立良好的信用环境与融资路径，坚决防止盲目压贷、抽贷、断贷行为。

（四）强化要素支撑。加快开发区（园区）基础设施建设，不断完善交通、供电、供水、燃气、消防、环保等配套设施，降低企业用地、用能和运输成本。强化规划引领，充分预留白酒产业发展用地空间，将重点扶持的白酒企业用地纳入全市用地计划统筹安排，并依法尽快办理相关用地手续。积极争取上级在土地指标分配上实行政策倾斜，优先支持茅台集团、重点引进的国内500强企业及行业百强企业等优强企业。建立土地利用综合效益评价机制，制定相应的激励措施，引导企业提高投资强度，节约用地，少占耕地。

（五）强化生态基础。深入贯彻习近平生态文明思想，持续巩固“国家生态文明建设示范市”创建成果，切实维护酱香白酒产业基地生态安全。修订并严格执行《仁怀市环境容量控制规划》，启动编制《仁怀市生态环境保护规划（2020—2025）》。将“河长制”纳入村规民约内容；依法严厉打击赤水河及其支流沿线破坏生态、违法排污行为；全面开展废弃矿山、矿井、河道、溪沟的修复和治理；深入实施节水行动，全面推进白酒企业水循环利用，认真落实河长制，切实保护“中国好水”赤水河，保护白酒生产水生态环境。全面实施白酒企业煤改气工程，大力推进白酒企业厂区绿化美化，大力发展绿色建筑、装配式建筑，创建“绿色城镇”“绿色小区”“绿色企业”“绿色车间”“美丽工厂”。启动茅台河谷微生物群落保护专题研究。探索建立“政府主导、企业为主、公众参与”的环境治理体系，推进“2+N”模式[12]环境综合整治全覆盖，倾力打造山青、天蓝、水净、地洁的生态环境，确保酱香白酒酿造生态环境健康稳定和可持续。

（六）强化质量安全。始终坚守白酒质量安全底线，在白酒食品安全风险控制和产品质量提升上加大基础性、前瞻性和预警性研究，建立白酒产品质量安全追溯系统，推动酒类质量、安全标准体系建设；完善白酒标识系统，建立全程质量监控数据库，从原料、酿造、收储、勾调、流通等全方位全过程跟踪监管，提升产品质量管控能力；加大对“仿茅酒”及假、冒、伪、劣产品的查处力度，全力协调属地执法单位严厉打击跨省、跨境侵犯我市名优白酒知识产权行为；建立制售假、冒、伪、劣商品和侵犯知识产权行政处罚案件信息公开制度；加大对损害茅台镇地域品牌和酱香酒美誉度的各类虚假广告及违法犯罪行为的打击力度，切实维护白酒企业合法权益及产区名誉。

（七）强化行业自律。加强仁怀酒业协会、商会等行业组织建设，不断提升引领作用和服务能力。支持鼓励协会、商会等行业组织积极主动参与白酒产业发展规划、计划、行业标准、白酒分级标准等编制；健全白酒行业自律机制，引导企业按照国家标准、地方标准、行业标准等组织生产，不断规范酒类行业生产经营秩序。大力落实“中国白酒3C”计划[13]，推动全市白酒行业诚信体系建设，争当合规企业，争做合格产品，扩大消费者“酱香酒·放心酒·健康酒”的产品认知。依托政府门户网站建立“仁怀酱香酒”网上宣传平台，定期发布“仁怀酱香酒”标准体系、生产工艺、品牌文化、品质申明，遏制低品质酒生产，引导消费群体购买货真价实的酱香酒。

（八）强化环境营造。持续以营商环境综合整治为抓手，深化“放管服”改革，严格执行上级关于优化行政审批服务相关要求，简化行政审批环节，建立和完善“一站式”服务机制，切实提高对白酒行业兼并重组、项目备案和核准、质量检测、专利审查等方面的工作效率，提升营商环境法治化、国际化、便利化水平。全面深化“证照分离”“多证合一”改革，推广应用无介质电子营业执照。进一步压缩企业开办时间，完善市场主体退出机制，加快“电子税务局”建设，推广“税务信用云”，切实为白酒企业营造良好的生产发展环境。

中共仁怀市委

2019年2月2日

注释：

①“一看三打造”：“一看”指未来十年，中国白酒看贵州；“三打造”指把茅台酒打造成为世界蒸馏酒第一品牌、把茅台镇打造成为中国国酒之心、把仁怀市打造成为中国国酒文化之都。

②“再造一个茅台”：指再造一个茅台的文化、品牌、市场、经济效应。

③“九大工程”：指“龙头引领、产区塑造、平台提升、集群培育、产业配套、市场拓展、工艺传承、人才振兴、文化弘扬”工程。

④“1314”：指1个千亿级企业、3个百亿级企业、10个十亿级企业、40个亿元级企业。

⑤“一区多园”：指贵州仁怀经济开发区和国酒工业园、仁怀名酒工业园、坛厂现代服务园、茅台古镇文化产业园等产业园。

⑥“带一联三”：指白酒产业带动一产，联结三产。

⑦“五个世界级示范基地”：指世界优质酱香白酒生产、展会存储、期货交易、酒类配套、文化传播示范基地。

⑧“双千工程”：指“千企改造”“千企引进”工程。

⑨“三网两线”：“三网”指互联网、物联网、交通网，“两线”指线上线下。

⑩“五个一”：指一首歌、一本书、一门课、一个节、一部剧。

⑪“营改增”：指营业税改增值税。

⑫“2+N”模式：“2”主要包括两个方面：一是通过“微动力＋一体化设施＋人工湿地＋景观塘的处理工艺”，将涉及区域农户生活污水、厕所冲洗水、洗浴废水、旱厕（沼气池）溢流污水全部收集进入村寨生活污水处理设施达标处理后排入外部环境；二是按照“户分类、村收集、镇转运、市处理”原则，全面建成农村生活垃圾收运系统，为农户发放垃圾桶，购置垃圾转运车，确保农村生活垃圾实现日产日收日清。“N”主要包括农村面源污染治理、河道溪沟生态化建设、农村集中式饮用水源地环境治理等农村环境综合整治。

⑬“中国白酒3C”计划：指2013年中国酒业协会在“第二届中国白酒领袖峰会”上提出的“品质诚实、服务诚心、产业诚信”计划。

贵州省人民政府关于印发《贵州省白酒产业振兴计划》的通知

（黔府发〔2009〕16号）

各自治州、市人民政府，各地区行署，各县（自治县、市、市辖区、特区）人民政府，省政府各部门、各直属机构：

现将《贵州省白酒产业振兴计划》（以下简称《计划》）印发给你们，请结合本地区、本部门实际，认真贯彻执行。

制订实施重点产业振兴计划，是应对国际金融危机，落实中央和省保增长、扩内需、调结构的总体要求，抢抓机遇，加快推进产业结构调整和优化升级，积极推进科技创新和技术改造，扩大内需的重要举措，对促进全省经济社会平稳较快发展具有重要意义。各地、各部门要深入贯彻落实科学发展观，按照《计划》确定的目标、任务和重点项目，加强组织领导，增强服务意识，及时帮助解决《计划》实施中出现的困难和问题。省有关部门要结合自身工作职责，指导和帮助企业及时办理有关审批手续。各有关企业要发挥企业在项目建设中的主体作用，积极筹措建设资金，按《计划》确定的时限推进项目。

贵州省人民政府

2009年5月8日

贵州省白酒产业振兴计划

为贯彻落实中央保增长、扩内需、调结构的总体要求，结合我省保持经济平稳较快发展的战略部署和国家《轻工业调整和振兴规划》，制订本振兴计划。

一、我省白酒产业发展现状和面临的形势

我省是白酒生产大省，以“茅台”为代表的传统品牌白酒酿造历史悠久，工艺独特，优势突出，具有很高的美誉度。近年来，我省白酒产业取得长足发展，目前全省有白酒生产企业527家，从业人员约10万人。2008年全省白酒产量已达到30万吨，规模以上白酒企业产量达到18.35万吨，实现工业增加值88.61亿元，实现利税96.4亿元，对促进经济发展，优化产业结构，带动相关产业发展做出了积极贡献。

但是，我省白酒产业发展仍然存在一些问题和矛盾。一是茅台镇人口密度太大，白酒小作坊过多，已经制约了国酒“茅台”的进一步发展；二是赤水河流域污染治理和水土保持工程亟待加强；三是一些传统名优品牌淡出市场，中高档品牌发展相对滞后；四是白酒企业数量多，但规模普遍偏小，竞争力不强，相当一部分企业机制不活，管理落后。要抓住国家和省实施扩大内需政策的机遇，努力振兴我省白酒产业，促进白酒产业又好又快发展。

二、指导思想、基本原则和目标

（一）指导思想

认真贯彻落实党的十七大精神，以邓小平理论和“三个代表”重要思想为指导，深入贯彻落实科学发展观，按照国家《轻工业调整和振兴规划》和保增长、扩内需、调结构的总体要求，以市场为导向，以结构调整和产业优化升级为重点，以技术和机制创新为动力，盘活存量，做大总量，提高名优白酒档次和市场占有率，提升贵州白酒核心竞争力和整体素质。

（二）基本原则

坚持市场主导和政府引导相结合，积极引导和推动白酒企业以收购、兼并和改制等多种方式进行优化重组。

坚持实施品牌带动战略，发挥国酒“茅台”的引领作用，大力扶持和振兴传统白酒品牌。

坚持法律、经济和行政手段相结合，整顿、维护白酒生产经营秩序；严

格市场准入，淘汰落后生产能力。

坚持经济效益、生态效益和社会效益相结合，发展循环经济，保护生态环境，走可持续发展道路。

（三）振兴目标

2009年至2011年，新增固定资产投资63亿元，重点建设25个白酒企业扩能技改项目，每年新增优质白酒生产能力5万吨以上，新增就业岗位2万个；力争全省白酒产量达到50万吨（其中规模以上白酒企业产量达到30万吨以上），实现年工业增加值150亿元以上；培育年销售收入150亿元以上企业1户，年销售收入5亿元以上企业3户；形成一批著名商标和地理标志产品，形成6个国内知名品牌和一批区域性优势品牌。

三、主要任务和重点项目

（一）发挥国酒“茅台”品牌带动作用，促进贵州茅台酒又好又快发展

2009年至2015年，年投资6.5亿元以上，实施年新增2000吨茅台酒技改扩能项目。“十一五”末茅台酒生产能力达到20000吨/年，“十二五”末茅台酒生产能力达到30000吨/年。

在仁怀市、习水县、金沙县、遵义县、桐梓县、正安县、道真县等地规划种植有机糯高粱100万亩、有机小麦70万亩。研究建立白酒与原料价格的协调互动机制和酒税反哺原料基地建设机制。加强原料质量检测，为以茅台酒为主的白酒生产企业提供质量保证的有机原料。

切实加强赤水河流域及茅台镇环境保护和生态建设，保护好茅台酒发展环境。加快推进贵州茅台酒厂（集团）有限责任公司厂区居民搬迁和周边环境整治工作。研究制定茅台镇周边酿酒小作坊搬迁方案并抓紧实施。整顿和规范仁怀市中小白酒生产企业生产经营秩序，严厉打击制售假冒伪劣白酒等违法行为。

（二）实施大曲酱香型白酒技改专项，做大做强大曲酱香白酒产业

实施大曲酱香白酒技改专项，采用先进适用技术对现有大曲酱香企业进行扩能技改。重点实施8个项目，总投资30亿元以上，除茅台酒扩能技改项目外，主要还有：

1. 贵州茅台酒厂（集团）习酒有限责任公司新增1500吨/年大曲酱香型白酒技改项目。项目总投资5000万元，2009年启动，建设内容为完善酒库、制曲车间，计划2年内完成。

2. 贵州金沙窖酒酒业公司10000吨/年优质白酒项目。2009年启动一期工程，新增4000吨/年金沙回沙酒，项目总投资3.5亿元，计划2年内完成。

（三）加大扶持力度，恢复和发展传统名优白酒

对传统名优白酒品牌企业从技术改造、技术进步、品牌建设等多方面，采取多种措施进行扶持帮助。重点实施：贵州董酒股份有限公司8000吨/年董酒生产线恢复改造项目，贵州青酒集团有限责任公司新增10000吨/年白酒扩建工程，贵州万众湄窖酒业有限公司新增1200吨/年湄窖基酒技改项目，上述3个项目计划2年内完成。

实施安酒公司6000吨/年填平补齐技改项目、贵州鸭溪酒业有限公司恢复3000吨/年技改项目、贵州省仁怀市茅台镇云峰酒业有限公司1000吨/年白酒扩建项目等一批名优白酒品牌技改项目。

（四）加强技术创新和人才队伍建设，为贵州白酒发展提供技术和人才支撑

加快贵州茅台酒厂（集团）有限责任公司国家级企业技术中心创新能力项目建设；实施麸曲酱香白酒生产工艺技术研发和推广能力等项目，进一步建立健全企业研发保障体系，帮助企业完善原料处理加工、发酵蒸馏、基酒储存、勾兑调配、产品包装全过程的质量控制和保障体系，确保白酒产品质量稳定提高。

加强白酒行业人才队伍建设，着重培养一批国家级白酒评酒员、注册酿酒品酒师、技师等酿酒专业技术人才。

（五）全力打造"贵州白酒"品牌，提升我省白酒整体竞争力

加大“贵州白酒”宣传力度，逐步树立“贵州白酒”的良好品牌形象，力争把“贵州白酒”整体打造为国内知名品牌。通过电视、报纸、网络等媒体宣传“贵州白酒”的同时，积极组织我省传统名优白酒企业参加全国糖酒交易会，力争每年举办一次贵州白酒博览会，建设一个面向全国的白酒专业批发市场，提升“贵州白酒”整体形象。

大力振兴董酒、习酒、金沙窖酒、鸭溪窖酒、平坝窖酒、湄窖、安酒、珍酒以及青酒、贵州醇、小糊涂仙等一批有发展潜力、市场前景较好的名优品牌，努力形成酱香型、董香型（兼香型）、浓香型及其他各种香型白酒共存和高中低档产品并举、大中小企业相结合的贵州白酒发展格局，提升“贵州白酒”品牌的综合实力和整体竞争力，促进贵州白酒及其关联产业又好又快发展。

认真贯彻落实《贵州省酒类生产流通管理办法》，加大白酒产业知识产权保护工作力度，重点保护“茅台”品牌，深入开展打击制售假冒侵权贵州白酒行动，净化白酒产业发展环境。

（六）抓好节能减排，加强环境保护和资源综合利用

加快贵州茅台酒厂（集团）有限责任公司循环经济建设工程建设步伐，启动实施茅台酒酒糟生物转化、茅台酒酒糟资源化处理、冷却水循环利用及锅底水处理、节能设施改造等项目。

积极推动省内白酒企业的烟尘污染治理、生产废水治理及酒糟综合利用等环保专项工程技改建设项目，使其达到《白酒制造业清洁生产标准》国内二级水平以上指标要求。

（七）鼓励省内配套，推动相关包装行业的发展

大力发展塑料包装材料、彩印包装和日用玻璃瓶等白酒业关联行业，加快形成我省白酒产业发展配套产业，力争到2010年实现白酒包装材料省内配套供应量50%以上，省内白酒包装物产值达到10亿元以上。

以健康、安全、绿色包装为标准，引进和发展包装新材料、新技术，把白酒包装行业发展与环境保护紧密结合，减少对非再生性资源的消耗，规范包装物回收利用市场，提高资源利用率。

四、计划实施

省有关部门要按照各自的职责分工，加强沟通协商，密切配合，落实国家和省的各项保障措施，确保实现《计划》；要加强对《计划》实施的适时调度，掌握实施进度，及时协调处理实施中的问题，定期向省政府报告进展情况。

各地区要加强组织领导，制定保障《计划》实施的方案，及时处理和解决《计划》实施中的新情况和新问题，确保涉及本地区的项目顺利实施。

省政府定期召开的全省工业经济运行调度会议将听取各部门、各地区和企业《计划》实施情况汇报，研究实施《计划》中的问题，采取措施加以解决，持续推动《计划》实施。

遵义市人民政府办公室关于2009年白酒产业发展的意见

各县、自治县、区（市）人民政府，市人民政府各工作部门：

白酒产业是我市传统优势产业。加快白酒产业发展，是积极应对当前金融危机，奋力实现“保增长”目标的需要，也是促使全市工业结构优化升级的需要。为抓好2009年全市白酒产业发展工作，特提出以下意见。

一、指导思想

以科学发展观为指导，认真贯彻落实省、市关于白酒产业发展的意见，依托我市白酒产业资源、技术、市场优势，以现有产能为基础，调整结构，保持增量，做大总量；坚持扶优扶强，充分发挥“一大十星”企业的龙头带动作用，以市场需求为导向，推进技术创新，提升白酒品质和市场份额，强化品牌建设，增强企业核心竞争力，促进我市白酒产业又好又快发展。

二、工作目标

——白酒行业规模工业增加值完成95亿元，同比增长29%。

——完成白酒行业技术改造投资9.5亿元，同比增长12%。

三、工作措施

（一）推进企业技术进步，促进白酒产业优化升级

1. 坚持以规划引领，促使白酒产业健康发展。认真实施和完善《遵义市白酒产业发展规划》，结合“西部突破”等发展思路，按照“一带两点”构想，编制完成“遵义县鸭溪—仁怀市茅台—习水县—赤水市”白酒产业带和董公寺镇、湄江镇“两点”发展规划。加快赤水河谷名酒工业集聚区及配套产业发展，完成配套产业发展规划编制，仁怀市重点建设酿造、包装基地，周边地区发展配套产业。加快茅台酒厂周边环境规划修编和整治搬迁工作。积极推动中

心城区名酒交易市场建设工作。

2. 坚持项目带动，大力推进项目实施。抢抓国家扩大内需、适度宽松的货币政策和部分原材料价格下降机遇，重点抓好茅台酒新增续建2000吨、习酒新增1800吨、董酒新增恢复1000吨、鸭溪窖酒新增恢复1000吨、湄窖恢复1200吨续建、金士酒业新增1000吨、糊涂酒业新增酱香2000吨、钓鱼台年产600吨等技改项目，并扎实推进其他白酒企业技改工作。从发展规划、土地供应、资金来源、生产许可等入手，抓好白酒产业项目库建设，努力推出一批高质量项目。

3. 坚持政策引导，加大扶持力度。在加大市级投入同时，指导白酒企业做好2009年技改项目申报工作积极争取省级技改资金、中小企业发展资金以及其他白酒专项扶持资金。各级各有关部门要积极为白酒企业在项目立项、环境评价、土地征用、资金扶持等方面提供支持和协助。各担保公司、各商业银行在担保、贷款方面要向白酒企业倾斜。

4. 坚持推进科技创新，力求白酒企业在信息化运用上率先取得突破。抓好仁怀市白酒企业电子服务平台试点推广工作，率先建立和完善全市白酒行业信息服务平台。

（二）加大宣传力度，致力打造遵义名酒品牌

1. 加强品牌核心竞争力建设。全力维护和提升茅台酒品牌形象和价值，支持习酒创贵州第一浓香品牌，巩固和提升董酒、鸭溪酒、湄窖、珍酒等传统名优酒品牌，培育我市有特色的高、中、低档白酒品牌，形成优势核心品牌、大众品牌、特色品牌、区域强势品牌，满足各个层面的消费需求。鼓励白酒企业创建驰名商标和名牌产品，对获得各级名牌产品和驰名商标的企业，按照市政府有关规定给予奖励。

2. 加强宣传推介工作。各新闻媒体、文化艺术部门和团体要深入白酒企业，宣传报道和创作反映我市名酒企业改革发展的新闻和文艺作品，加大对遵义名酒及地域品牌的宣传。各白酒企业也要在全国影响较大的媒体上加大宣传力度，着力推介自身发展和名优产品。结合遵义“红色旅游”特色，积极开发名优白酒企业工业旅游，开发白酒旅游产品，推动开放遵义酒文化博物馆工作。

3.认真组织好参展活动。结合我市打造“转折之城、会议之都”举措，认真筹办好“中国（遵义）酒博览会”，组织遵义名优白酒参加春、秋两季全国糖酒交易会等活动，以“遵义名酒”整体参展，凸显“酒都遵义”地域品牌。

4.加快信息平台建设。由市白酒办公室牵头，由市政府信息中心等单位负责完善遵义名酒信息平台，整合白酒产业信息资源，在第一季度形成方案并组织实施、及时充实更新和丰富网站内容。引导企业充分利用网络，开展电子商务、产品宣传、项目推介等活动，逐步形成政府、企业、商家、消费者的共享平台。

（三）积极推进机制体制创新，激发发展活力

1.我市白酒行业大企业与小酒厂并存，历史遗留问题与新挑战、新机遇同在，通过重组、联合、引资，盘活现有存量，调整产品结构，做大增量。汇川区积极配合做好珍酒厂政策性破产工作，力争在上半年完成破产，在第三季度完成重组。红花岗区、习水县积极帮助董酒公司、习酒公司解决历史遗留问题，使企业能够安心抓发展。仁怀市加大整合小酒厂的力度，引导中小企业联合重组。遵义县、湄潭县帮助鸭溪酒业公司、湄窖酒业公司抓紧实施技术改造，尽快恢复产能，并作好发展规划。

2.对全市白酒生产老酒厂闲置厂房、设备等基本情况进行调查摸底，集中向外推介招商，引进资金实力雄厚、在白酒行业具有先进经营管理经验的大型企业与我市白酒企业合作，鼓励收购我市停产或生产经营困难的白酒生产企业，盘活现有闲置产能。湄窖酒业公司在引资重组上要有实质性的进展。

（四）落实高粱种植面积，保证白酒工业红粮供应

1.原料基地建设是白酒生产的第一车间，各级政府和白酒企业都必须高度重视，抓好原料基地建设。2009年计划种植高粱40万亩，产量8万—10万吨。其中，仁怀市25万亩，习水县10万亩，桐梓县3.5万亩，遵义县1.5万亩。有关县（市）人民政府要认真组织实施，市直部门要配合做好基地规划、种子供应、技术指导、价格引导、仓储运输等全方位的服务工作。

2. 市农办、市农业局要进一步完善并落实《遵义市白酒原料（高粱）基地建设规划》以及相关配套政策，切实保障我市优质酱香白酒企业对有机高粱的供应。积极实行“订单种植、合同收购”“企业＋基地农户”等基地建设模式，积极推进有机高粱标准化种植、规模化生产。

3. 粮食部门负责仓储建设，保证原料收购与储存。仁怀市和市质监局要共同努力，力争全省白酒监测中心落户中枢，同时加快建成全市有机糯高粱检测中心。

（五）坚持以质量为生命线，全力维护白酒生产经营秩序

1. 认真贯彻落实《贵州省酒类生产流通管理办法》，加强我市白酒生产、流通监管，特别是对小酒厂和散酒的管理，确保质量安全，并逐步建立完善的流通市场监管和质量安全监管长效机制。白酒企业要坚持把质量管理意识贯穿到每个环节，防范到每个细节，全力抓好白酒质量管理。

2. 工商、质监、环保等部门要形成合力，严格按照国家有关法律法规坚决取缔制假、贩假企业，关停无生产许可证或卫生条件、环保不达标的企业，依法查处制售假冒品牌酒的行为。

（六）加强领导协调服务，全面完成各项目标任务

1. 进一步加强领导白酒产业的发展对我市经济发展影响日益突出，抓好白酒产业，就是抓住了工业经济的重点。各级各部门务必高度重视白酒产业发展，有关县、区（市）人民政府要组织强有力的机构抓白酒产业发展。市直有关部门要改进服务，齐抓共管。市白酒工业发展领导小组办公室、市人民政府督查室要加强相关工作的督促检查。

2. 加强生产调度。坚持以“一大十星”企业为重点，统筹兼顾其他企业，做好对白酒产业发展的监测分析，及时掌握生产经营动态，努力为白酒企业解决在生产发展中所面临的问题，促使企业正常生产经营。

3. 加大投入力度。市人民政府今年安排400万元白酒产业发展扶持资金，重点用于引导和推动白酒企业进行技改、品牌打造等。各级各有关部门也要切实加大政策引导和资金投入，共同营造支持白酒产业加快发展的良好环境。

遵义市人民政府办公室

2009年3月3日

贵州省人民政府关于促进贵州茅台酒厂集团公司又好又快发展的指导意见

（黔府发〔2007〕37号）

各自治州、市人民政府，各地区行署，各县（自治县、市、市辖区、特区）人民政府，省政府各部门、各直属机构，贵州茅台酒厂集团公司：

为促进贵州茅台酒厂集团公司（以下简称茅台集团）又好又快发展，把“国酒茅台”提高到更新更好的水平，提出如下意见。

一、正确认识茅台集团取得的成绩和面临的形势

“十五”以来，在省委、省政府的领导和省各有关部门、遵义市及仁怀市各级党委、政府的大力支持下，通过茅台集团全体员工的共同努力，茅台集团综合实力和社会影响力不断增强，实现了跨越式发展。2006年，公司利税率、人均创利税、主导产品的年销售量、资产市值等主要经济指标高居全国同行业第一。2007年，茅台集团核心企业、上市公司贵州茅台酒股份有限责任公司突破了百元股价和千亿元市值两大关，企业继续保持强劲发展势头，为全省经济社会发展作出了贡献。

在充分肯定成绩的同时，必须清醒地看到茅台集团发展中仍面临一些困难和问题。一是由于长期以来赤水河上游地区过度垦殖、历史上土法炼硫等影响，使赤水河流域植被破坏、水土流失，对赤水河流域和茅台镇生态环境造成一定影响。二是随着茅台集团产能不断提高，赤水河谷适宜茅台酒生产的土地资源日趋紧张，节约用地、提高土地资源利用效率刻不容缓。三是茅台镇人口增长较快，各种建筑物布局不合理，茅台镇的发展现状与保护和改善茅台酒酿造环境矛盾突出。四是一些不法企业和人员受利益驱使，制售假冒茅台酒等违法行为屡禁不绝，“茅台”品牌长期被一些中小酿酒企业滥用，使茅台酒的信誉度、美誉度、品牌效应受到侵害。五是茅台集团内部管理有待进一步加强。此外，原料短缺、生产技术骨干难以满足发展需要等问题也亟待解决。

当前和今后一段时期，在我国高档白酒市场发展较快的形势下，茅台集团将面临一个重大战略机遇期。省委、省政府高度重视茅台集团的发展，坚持企业自主、市场导向与政府推动相结合，经济效益、环境效益和社会效益并重的原则，全力支持茅台集团又好又快地发展。茅台集团要正确认识近年来取得的成绩和继续发展面临的困难与问题，切实增强忧患意识，牢牢抓住市场机遇，全面贯彻落实科学发展观，以高度的责任感、使命感和紧迫感，进一步增强企业核心竞争力和可持续发展能力，确保在市场竞争中取得更大发展。同时，要充分发挥好作为全省白酒行业龙头的带动作用，为振兴贵州白酒事业做出新的贡献。省各有关部门、有关地方政府要进一步提高对茅台集团加快发展重要意义的认识，认真贯彻落实促进茅台集团又好又快发展的各项政策措施，为茅台集团营造良好的发展环境，推进茅台集团加快发展。

二、促进茅台集团又好又快发展的政策措施

(一)切实加强赤水河流域及茅台镇环境保护和生态建设，确保茅台酒的生存和发展空间不受破坏

1．启动赤水河上游生态功能保护区工作。将赤水河上游生态功能保护区纳入赤水河流域规划。省各有关部门和有关地方政府要按照《省人民政府关于加强赤水河上游生态环境保护和建设的意见》（黔府发〔2006〕23号）和《省人民政府关于赤水河上游生态功能保护区规划（贵州境内）的批复》（黔府函〔2007〕107号）的要求，抓紧启动赤水河上游生态功能保护区中重要水源涵养区、国酒特殊水源保护区、国酒特殊经济区3个功能分区的各项工作。在保护区范围内，严格按照国家有关规定和保护区规划进行保护、建设和开发，保护区内各种建设项目必须严格执行有关环境影响评价规定，对违反规划或不执行有关环境影响评价规定的开发建设行为坚决依法查处。积极推进保护赤水河上游生态环境的立法调研工作，争取把保护茅台酒酿造环境生态安全纳入法制化轨道。

2. 大力推进赤水河上游生态建设。林业、水利部门要结合实施“天保”“长治”工程，大力推进封山育林和荒山造林，开展赤水河流域石漠化综合治理，确保赤水河流域森林覆盖率逐年提高，保持生态良性循环。省发展改革、经贸、建设、林业、水利、农业、环保等部门在安排有关项目和资金时，要根据赤水河上游生态环境保护的需要予以倾斜。积极争取国家支持，将赤水河流域规划为国家级生态功能保护区。

3. 加大赤水河上游污染治理力度。各级环保部门要切实加强赤水河上游环境监测能力建设，加大环境监测力度，尽快明确赤水河上游污染治理内容和完成时限，下达限期治理任务。有关地方政府要依法关闭和淘汰不符合国家产业政策的落后生产能力、工艺和设备，加快赤水河上游沿岸污水和垃圾处理工程建设步伐，并确保稳定运行；抓好赤水河上游畜禽、水产养殖、农药污染防治，最大限度地减少农业面源污染。

4. 切实抓好茅台集团厂区环境治理。茅台集团要尽快完善生产、生活污水处理设施和配套管网建设，实现污水达标排放；抓紧建设厂区水质、空气质量自动监测系统及水污染环境应急系统平台，完善水污染事故应急预案，应对可能发生的环境污染事故，确保茅台酒酿造的安全用水；积极开展清洁生产，抓好进入厂区机动车辆管理和环境卫生整治工作。支持和帮助仁怀市中枢镇、茅台镇居民使用清洁能源，减少燃煤等带来的空气污染。尽快完善城镇生活污水处理设施，确保达标排放。

(二)指导茅台集团科学制定企业发展规划，加快推进“十一五”新增茅台酒1万吨技改工程和原料基地建设

1. 抓紧编制茅台集团中长期发展战略规划。茅台集团要结合市场和自身实际情况，按照2020年实现茅台酒产量4万吨的目标，编制《贵州茅台酒厂集团发展战略中长期规划》。由省经贸委会同省发改委、省国资委、省环保局、省政府发展研究中心等部门和单位及有关地方政府及时帮助指导茅台集团研究制定中长期发展战略规划；由省国土资源厅会同遵义市政府、仁怀市政府、茅台集团编制茅台集团发展用地中长期专项规划，对赤水河茅台河段适宜茅台集团发展区域土地实行最严格的规划控制，衔接好茅台集团发展用地需求与《仁怀市土地利用总体规划》的修编工作，确保茅台集团的用地需要。

2．加快推进茅台集团技术改造步伐。茅台集团要按照省有关部门批复同意的《“十一五”新增万吨茅台酒技改及循环经济建设工程规划》，在已完成一期工程的基础上，加快二期工程实施步伐。要抢抓当前茅台酒市场需求强劲的大好机遇，本着“保证质量、能快则快”的原则，抓紧做好三、四、五期技改工程前期准备工作，在各方面条件具备的情况下，提前合并实施三、四、五期技改工程。同时抓紧开展再新增“万吨茅台酒”技改工程有关工作，扩大茅台酒产能，满足市场需求。要根据国家发改委批复的循环经济基地试点工作方案，抓紧实施循环经济项目建设，力争早日实现资源“吃干榨尽”和污染零排放。

3．大力推进茅台酒原料基地建设和茅台酒其他配套产业项目建设。省农业厅要组织有关专家对茅台酒原料基地建设进行深入研究，以酿造茅台酒所需糯高粱、小麦的质量标准划定基地建设区域，并制定茅台酒原料基地建设实施意见及有关项目、资金、技术等方面的扶持政策。有关地方政府要与茅台集团密切配合，采取积极措施，大力推进茅台酒原料基地建设，增加种植面积，提高种植质量，加快仓储设施建设，保障茅台集团快速发展的原料供给。茅台集团要将原料基地作为企业的“第一车间”，切实加大资金扶持力度，采取订单农业模式，制定惠农的原料收购保护价，确保种粮农户得实惠。同时，茅台集团要采取切实有力的措施，积极支持仁怀市和茅台镇发展其他为茅台集团配套服务的产业，力求在本地拓宽产业幅，延伸产业链，带动地方经济发展，形成企业与地方经济社会发展的良性互动，构建和谐社区关系。

（三）加强交通等基础设施建设，改善茅台酒生产区域环境

1．加快交通建设步伐。加快茅台高速公路的建设，确保2009年6月底前建成通车；积极推进仁怀至赤水高速公路前期准备工作，力争早日开工建设，全面改善茅台集团的物流条件。省交通厅、遵义市要加快省道208线茅台过境段各项前期工作，力争2008年5月底前开工建设，早日消除过境车辆尾气污染影响。茅台集团要根据企业中长期发展战略规划，进一步完善厂区路网规划，制定新建厂区的联络道建设规划，新建厂区联络道用地由省国土资源厅纳入茅台集团发展用地中长期专项规划。抓住茅台高速公路即将通车带来旅游可进入条件改善的机遇，充分利用茅台品牌吸引力，积极推进茅台集团“全国工业旅游示范点”的建设工作，把茅台工业旅游与赤水河红色旅游相结合，建设旅游服务配套基础设施，提前着手市场推介工作。

2．加强茅台酒生产区域和茅台镇的防洪、地质灾害防治等工作。省水利厅要积极向水利部争取资金支持，早日开工建设赤水河茅台段防洪工程建设工作。省国土资源厅要组织开展对茅台镇区域内的地质灾害调查评价和防治规划，加强对重大灾害隐患点的监测预报工作，切实搞好茅台镇及茅台酒生产区域可能出现的滑坡、塌陷等地质灾害防范工作。根据茅台酒发展需要，加强对有关新建工程的地质灾害危险性评估工作。抓紧启动茅台镇垃圾填埋场立项建设工作。

3．妥善处理好茅台镇发展与茅台集团发展规划的关系。仁怀市政府要根据茅台集团的发展规划，组织对《仁怀市城市总体规划》《茅台镇城区控制性详规》《茅台镇建设风貌规划》进行修编。抓紧制定有关政策措施，冻结茅台镇镇区及茅台原产地域范围一切建筑的审批，引导茅台镇居民向中枢镇搬迁分流，加快茅台酒生产厂区内住宅的搬迁，支持茅台集团实施生产区和生活区分离工程，有效控制并逐步减少茅台镇居住人口至可控范围。加强茅台镇基础设施建设，加快茅台镇改造步伐，提高城镇品位，将茅台镇打造为与茅台酒品牌相适应、有利于保护茅台酒酿造环境的生态型小城镇。科学制订赤水河流域仁

怀市段的工业发展规划，规范准入标准和程序，严格控制工业发展的规模和数量。省建设厅等省有关部门要切实加强对仁怀市有关规划修编的指导、协调、监督，确保规划修编的科学性和实施的权威性。茅台集团要支持茅台镇的建设，并于2010年完成茅台酒生产厂区内生活区异地搬迁工作。

（四）保护好茅台酒知识产权，整顿和规范仁怀市中小白酒生产企业生产经营秩序

1．积极开展保护茅台酒知识产权工作。开展茅台酒知识产权保护专项研究工作，切实解决好茅台酒在商标方面的历史遗留问题，在此基础上进一步完善保护茅台酒知识产权的政策体系。积极推进我省酒类生产流通立法进程，将保护茅台酒知识产权工作纳入法制化轨道。启动茅台酒地理标志产品产地范围划分调整工作，以原茅台酒原产地域范围为核心，扩大到赤水河上游太平村等适宜茅台酒生产的区域。积极探索建立扩大后的茅台酒地理标志产品产地范围内住户的搬迁补偿机制，逐步进行搬迁。

2．进一步建立健全茅台酒打假长效机制。强化政府职能，整合省内资源，建立健全打击假冒侵权行为的长效机制，严厉打击仿冒“贵州茅台”酒商标、滥用“茅台镇”地域名称等侵犯贵州茅台酒知识产权的违法违规行为，从生产、运输、市场流通等各个环节进行集中清理整顿，铲除制售假冒和侵权产品窝点。积极争取国家和各兄弟省、区、市的支持，推进在全国范围的打击制售假冒和侵权茅台酒行动，茅台集团要积极予以配合。

3．推进以茅台集团为龙头的仁怀市酱香型白酒资源整合战略的实施。根据贵州省酱香型白酒地方标准，规范酱香型白酒的生产，引导我省酱香型白酒产业健康有序发展。制定仁怀市白酒产业发展政策，严格市场准入，淘汰落后企业。积极推进仁怀市中小白酒生产企业进行资源整合，支持具有一定规模的酱香型白酒生产企业走联合重组道路，引导其创建自主品牌。坚决关闭取缔仁怀市无窖池、无基酒、无固定厂房的“三无”白酒生产企业和证照不齐的白酒生产企业。鼓励茅台集团以茅台系列酒品牌为中心，采取联合、重组、收购、兼并等方式参与仁怀市中小酒厂资源整合。

（五）加大科技、人才支持力度，积极促进茅台集团科技创新和人才培养

1．推进茅台集团加快科技创新步伐。充分发挥“贵州茅台科技联合基金”的引导作用，依托茅台集团国家级企业技术中心和省酿酒工程技术开发中心，整合省内科技资源，吸收国内有关力量参与研发，通过合作创新，增强茅台集团科技创新能力。围绕茅台酒发展中的重大科技需求，在挖掘、继承和发挥传统酿造工艺的同时，支持和帮助茅台集团引进、推广、应用现代生物工程技术、酿酒微生物技术、现代分析检测技术等先进技术成果，不断完善和改进茅台酒的生产方式和工艺，降低生产成本，提高产品质量和经济效益。加快列入国家“863”计划的“RFID技术在酒类等物品防伪的应用”课题及茅台酒原产地地质地理学研究、茅台酒原产地生态环境研究、茅台酒环境微生物研究、茅台原料基地建设关键技术研究、贵州茅台酒技术经济及发展战略研究、茅台原料基地建设及原料储存关键技术研究等课题研究，争取早日取得并应用一批重大科研成果，为茅台集团的发展提供科技支撑。

2．加强茅台集团人才培养工作。积极帮助指导茅台集团建立健全的人才引进机制、培养机制、用人机制和激励约束机制，创建吸引、留住人才的环境，建设一支高水平的经营、管理、科技人才队伍；支持茅台集团建设职工职业技术培训中心，落实有关优惠政策，支持茅台集团大力开展职工职业技能培训，提升企业人员的整体素质，并把茅台集团建设成为我省培养酿造酱香型白酒高技能人才的基地。

（六）加强对茅台集团企业内部管理工作的指导，帮助茅台集团进一步提高管理水平

1．进一步健全和完善茅台集团法人治理结构及运行机制。茅台集团要按照现代企业制度的要求，进一步健全和完善企业法人治理结构和运行机制，规范董事会、监事会、经理层的议事规则和办事程序，使企业法人治理结构的运

行制度化、具体化、流程化，进一步完善企业借款、贷款及担保、对外投资、产权转让和资产处置等主要经营管理活动决策工作程序。要把完善企业法人治理结构及运行机制与发挥企业党组织的政治核心作用、做好职工的民主管理相结合，积极探索最有利于茅台集团加快发展的现代企业制度模式。

2. 切实加强品牌和产品质量管理。茅台集团要加强对品牌形象、产品形象的塑造和宣传，提升"国酒茅台"品牌的地位，维护好茅台酒作为"中国驰名商标""有机食品""绿色食品""地理标志产品"及茅台酒传统生产工艺作为"非物质文化遗产"等产品资质带来的品牌效应，不断提升"贵州茅台"品牌无形资产价值。要遵循以质量求生存的原则，把质量管理工作作为生存和发展的基础，坚持"世界上最好的蒸馏酒"的产品质量定位，确保茅台酒品质不断提高。

3. 茅台集团要切实加强对所属上市公司的管理。要按照国家有关法律法规和政策规定，进一步健全上市公司的各项管理制度，确保规范运作和维护股东权益，树立良好的公众形象。要大力引进证券、资本运作等方面的专业人才，充分发挥好上市公司融资平台作用，为茅台集团加快发展筹措更多资金。

4. 积极推进茅台集团管理创新。支持和帮助茅台集团加强企业信息化建设，启动业务流程再造工作，推进企业组织结构改造，减少管理层级，提高管理效率。进一步强化企业财务管理、资本运作管理、成本管理、采购和营销管理、节能减排管理等，全面提高企业现代化管理水平。

三、加强组织领导

（一）建立省促进茅台集团又好又快发展联席会议制度。由省人民政府分管副省长担任召集人，省人民政府分管副秘书长、省经贸委主任担任副召集人，省发改委、省经贸委、省科技厅、省公安厅、省财政厅、省国土资源厅、省建设厅、省交通厅、省水利厅、省农业厅、省林业厅、省商务厅、省国资委、省地税局、省环保局、省工商局、省质监局、省法制办、省政府发展研究中心、省知识产权局、省国税局等省有关部门负责人，遵义市政府及仁怀市政府负责人，茅台集团主要负责人为联席会议成员，负责协调解决茅台集团在加快发展中需政府帮助协调解决的重大问题。联席会议办公室设在省经贸委，由省经贸委主任兼任办公室主任。

（二）切实抓好各项工作的落实。促进茅台集团又好又快发展各项工作涉及面广，任务紧迫，省各有关部门和有关地方政府要切实履行职责，加强沟通协调，密切配合，共同做好各项工作。茅台集团要切实增强发展意识，充分发挥企业发展的主体作用，积极主动与各级政府、各有关部门衔接，全力做好加快发展的各项工作。省人民政府将促进茅台集团又好又快发展作为重点专项督办工作，纳入督查程序，由省政府督查室对各单位工作落实情况进行督促检查。

贵州省人民政府

2007 年 12 月 14 日

后记

深山走出的中国白酒大师陈孟强

陈守刚

陈孟强，1989年毕业于北京经济函授大学。中共党员、高级工程师、高级企业管理师、中国白酒大师、中国白酒国家特邀评委、中国酒界杰出人物。从事茅台酒酿造与研究40余年，曾任贵州茅台酒厂集团技术开发公司党委书记，贵州食品协会副会长，贵州白酒专家组成员，贵州大学白酒学院硕士生导师。20世纪80年代，曾领导和完成了茅台酒800吨/年的扩建投产工程，为茅台酒实现万吨目标夯实了工艺管理、设备进步、管理创新基础。在长期工作实践中，乃至退休后长期坚持不懈努力，勇于创新，大胆改革，领导生产的“陈壹号”“珍酒”等产品获得很多专家认可并多次获奖。

一、美酒河之梦

发源于云南镇雄的赤水河，横贯云南、贵州、四川而入长江，孕育着滇、黔、川三省丰沃的土地，把最华彩的一段留在了仁怀市茅台镇。从元代至清代，川盐入黔，茅台逐步成为有名的四大航运口岸“仁岸”，船舶载来的现代文明让赤水河脚下的土地更为丰沃，更有故事。清乾隆年间，赤水河已成为川盐入黔重要通道，清光绪四年，四川总督丁宝桢对川盐入黔四大口岸的航道进行整治，赤水河盐运达到鼎盛时期，翻开了“蜀盐走贵州，秦商聚茅台”“村村有作坊，户户有酒香”的历史页面。马桑坪是赤水河盐运的必经之地，川盐经马桑坪转运集散，成为盐运时期繁华的古镇，四方商贾云集，川流不息。盐文化催生了酒文化的发展，酒烧坊也伴随盐运业而生，马桑坪周围的酒烧坊据史考更早于茅台。陈孟强先生就出生在这个古镇上，从小就在酒的芬芳中成长，幼时就在做酿酒大师的美梦。

二、奋进

1974 年，经过 6 年上山下乡的磨炼，曾当过生产队长的陈孟强为实现酿酒大师的美梦，走进了茅台酒厂，圆了他与酒结缘的人生之梦。他倍加珍惜这份来之不易的工作，虚心向老工人学习，无怨无悔。那时，国营茅台酒厂的生产条件相当差，生活非常艰苦，酿酒过程中全靠肩挑背驮。冒着超过 40℃的高温踩曲、下沙、晾堂、蒸煮、取酒，学习和摸索生产技术，艰苦创业。这是他人生起步的基础。无论在什么岗位上，陈孟强总是把忠诚、责任、敬业摆在第一位，勤勤恳恳地工作，始终把奉献作为人生的价值观。生产技术处、企业管理部都是茅台酒的核心岗位，他作为主要负责人不仅要懂生产会管理、会操作，还必须从传统的酿酒方法中提炼出理论，并把理论与实践相结合，才能制定切实可行的生产措施，才能创新生产工艺及流程，巩固和提高茅台酒的质量。

三、起点

国家“七五”计划，为实现毛泽东主席 1958 年提出的“把茅台酒搞到一万吨”的号召，茅台酒厂开始扩建年产 800 吨工程，陈孟强被确定为工程的主持者。扩建工程能否成功，关系到茅台酒之后的生产规模和技术上台阶的问题。茅台酒要实现 10000 吨，就必须从 800 吨扩建开始，这是酱香酒的生产规律。陈孟强的人生也在这里实现了质的飞跃，经过主持 800 吨扩建工程，创造和积累了经验。

1994 年 4 月 21 日，曾任茅台酒厂领导季克良曾如此评价陈孟强：

1. 用理论指导实践，通过主观努力用科技手段使茅台酒厂不同地域环境微生物适应生长，从而为茅台酒生产创造有利条件。此项成果得到同行公认。

2. 主持了年产 800 吨窖池改造工作，提前完善了茅台酒生产的必备条件，稳定提高了茅台酒质量。此项成果受到有关专家及厅、厂领导认可，并在年产 2000 吨投产上推广应用。

3. 以严格科学的态度总结、创新了茅台酒传统工艺，为茅台酒的优质、高产、低耗探索出了道路。

茅台酒年产 800 吨扩建工程是茅台酒厂历史上较为重大的项目，它的意义在于奠定了之后 2000 吨到 10000 吨生产能力的基础，探索出一条扩大生产的新路，也为今天茅台酒的辉煌做出了贡献。他能成为这个项目的主持人，是人生中的一件幸事，在这个项目实施中倾尽心血，以严格科学的态度，对茅台酒的传统工艺进行了深入研究、总结，创新了一套新工艺，提前完善了茅台酒生产的必备条件。由此，他深深领悟到酱香酒之所以受人青睐，就是因为有复杂而符合自然规律的工艺技术，适合人体健康的需要。

他有一股倔强的拼劲，是值得我们大家学习的。尤其是在茅台酒年产 800 吨扩建工程中，作为项目主持者之一，他几乎没有休息时间，一心扑在岗位上，殚精竭虑为 800 吨工程谋划，攻克一个个难关，为茅台酒上台阶费尽心血。可以说没有这个扩建工程的探索，就没有之后的 2000 吨到 10000 吨的成功。

经过 44 年的努力，陈孟强先生在白酒领域的理论水平不断升华，尤其是对酱香型酒的工艺研究达到炉火纯青的地步，得到业界的高度认可。2014 年 12 月他被中国食品工业协会评为中国白酒大师。

2009 年，珍酒厂改制，华泽集团收购了珍酒厂。华泽集团董事长吴向东慧眼识珠，把白酒专家陈孟强请到了停产 10 年的珍酒厂担任技术掌舵人，用他独到的酿造经验和治厂方略拯救珍酒厂。经过 5 年半的艰辛求索，陈孟强带领一个年轻的团队攻克一道道难关，以过硬的质量提高了珍酒的美誉度，让珍酒厂起死回生，畅销全国各地，实现了“让每一个消费者，在每一个享受幸福和期盼幸福的时刻，喝上幸福美酒”的企业愿景，一跃成为汇川区的骨干企业。珍酒厂获得“中华人民共和国 60 年最具综合实力领军企业”“改革开放三十年中国酒业之经典企业”“中国优秀企业”“全国消费用户满意单位”“中国诚信企业”等殊荣。他在珍酒公司工作的 5 年多时间，是人生中非常宝贵、难以忘怀的美好时光。在茅台酒厂工作 40 多年，学习和掌握了不少知识，在生产实践中摸索积累了不少的经验，他把积累的这些知识全部奉献给珍酒厂，为企业制定了比较完善的工艺管理体系，保证了珍酒酱香的纯度，提高了珍酒的质量，很快打开了市场，让一个在市场竞争中处于下风的厂起死回生，两年内就恢复 2000 吨生产能力。这应该是他一生的得意之作。

珍酒是国家1975年确定的重点科技项目，由中科院负责实施，定名为《贵州茅台酒易地生产试验厂》，经多方选址定在遵义市北郊，并从茅台酒厂调集工程技术人员经过10年的试验，1985年10月得到国家科委的认定，时任国务院副总理的方毅欣然题下“酒中珍品”几个光彩绚丽的大字，珍酒的名称也由此而来。

2009年8月，珍酒厂进行改制。陈孟强受华泽集团吴向东董事长的重托，担起治理珍酒厂的重担。珍酒厂两年的时间内就恢复到3000吨酱酒生产能力，实现了“成长速度、品质”双丰收，为珍酒产品和珍酒市场的“核变量”积蓄了后发优势。他还撰文《珍酒的昨天、今天、明天》在贵州经济报上发表，为珍酒厂描绘了一幅壮丽的蓝图。中国食品工业协会对陈孟强先生在2011年至2013年所做出的贡献给予高度肯定，授予他“全国食品工业科技创新卓越领导者”称号；全国白酒专业委员会于2014年12月评定他为“中国白酒工艺大师”。

陈孟强在珍酒厂主持工作，可谓受命于危难之中，企业管理较混乱，质量不稳定，珍酒在市场上的口碑不好。陈孟强在5年多的时间里，把所有的精力都投入酿酒的工艺、规范管理、严把质量关上。他带领着珍酒人，手把手传授酱香酒的秘诀，制定了“一坚守、二严格、三变化、四稳定”的工艺管理方针，既传承了茅台酱香的传统，又创新了地域特色，凸显了“酒中珍品”的酱香特点。仅两年的时间，就稳步提高了珍酒的质量和产量，恢复年产2000吨的规模。投放市场的大元帅、珍酒15年陈酿、1975系列产品受到消费群体的极大欢迎。

四、梦的辉煌

1980年主持的《茅台酒多产酱香型酒的方法》成果，获贵州省经委、省总工会颁发的成果奖。

1982年参与并起草的《行车滑柱线的改造与运用》，获贵州省总工会、省经委、共青团贵州省委颁发的“五小”发明奖。

1987年执笔的《保国家金牌夺国际金奖》在全国轻工会议上发言，同时在《中国轻工》上登载。

1988 年在全国质量管理工作大会上题为《强化管理特色，创造名牌效益》的发言，收入《质量管理》一书中。

2000 年被评为“全国食品行业质量管理规范工作者”。在北京人民大会堂召开的颁奖大会上，受到了田纪云副委员长、王光英副委员长等中央领导的亲切接见并合影。

2000 年陈孟强、李海全、何建红合作的《跨越神话茅台情》在《中国企业报》上登载，并选入《中国重要报纸全文数据库》。

2000 年创作《竞争是人生永恒的主题》在《企业奇葩》上发表后，《亚太经贸》也连续转载，并选入《中国重要报纸全文数据库》。

2000 年在“3·15”大型活动专辑中发表文章《质量立业，造福社会》。

2000 年创作《爱我茅台为国争光》，在《企业管理》上发表。

2001 年陈孟强、李海全合作的《历久弥新酿神话》在《中国百名优秀企业家奋斗史》第五卷上发表。

2001 年陈孟强、车兴禹合作的《酒林至尊，与时俱进》在《中国质量报》及新浪网发表。

2001 年陈孟强、车兴禹合作的《以顾客为中心追求卓越质量经营》在《中国质量》上发表。

2001 年《依靠科技进步，实现茅台酒优质、高产、高效》在《中国企业管理》上发表。

2001 年在中国食品工业协会组织的上海科技大会上发表了题为《搞好科技进步 促进企业发展》的论文；在中国质量报上发表文章《让玉液之冠走向世界》；在中国贸易报上发表文章《辉煌国酒》《沧海横流，尽显英雄本色；源远流长，酿造世纪茅台》；在经济日报上发表文章《喜获绿色食品认证》《领导干部要带头加强党的执政能力建设》。

2002 年陈孟强、李海全合作的《铸造中华酒文化的丰碑》在《中国企业报》上发表。

2003 年陈孟强、李海全合作的《奏响国酒辉煌的乐章》在《中国百名优秀企业家奋斗史》第六卷上发表，并选入《中国重要报纸全文数据库》。

2003 年参加在西班牙巴塞罗那召开的“世界之星”包装设计奖大会，并领奖。

2004 年出席了在巴西圣保罗召开的包装设计国际年会。

2005 年荣获“世界之星”包装设计奖。

2005 年在贵州省企业文化建设先进表彰大会上被授予“贵州省企业文化建设十大杰出个人”。

2005 年在全国企业文化建设工作年会上获得“企业文化建设理论研究成果奖”。

2005 年在首届中国管理创新杰出人物征评活动中荣获“中国管理创新人物”金像奖。

2005 年 12 月被《中国专家人名辞典》编委会载入《中国专家人名辞典》一书，同时被收录《中国当代人才库》并颁发纪念证书。

2006 年在中国企业文化促进会等单位联合举办的第四届中国职业经理人大会上被组委会授予“中国企业优秀职业经理人”荣誉称号。

2006 年在中国企业创新盛典暨第五届中国企业创新人物表彰大会上被誉为“第五届中国企业创新优秀人物”。

2006 年在中国诚信经营企业家大会上被中华全国工商业联合会授予“全国诚信经营企业家”称号。

2006 年在中国国际名人评定联合会增选为中国国际名人评定联合会区域专员，同时授予创中华人民共和国百名功臣“金马奖”，并出版个性化典藏金箔肖像纪念邮票，颁发奖项金匾和荣誉证书。

2006 年被授予“中国改革创新风云人物”。《竞争是永恒的主题》在“改革创新发展——国际优秀新思想新学术论坛”中荣获“国际金奖”。

2006 年《竞争是永恒的主题》在国际交流评选活动中荣获国际优秀作品奖。

2006 年《市场经济条件下企业思想政治工作的思路》被评为优秀论文；

并选入《中国当代思想宝库》《学习与实践》《共产党人》大型书刊。

2006年《市场经济条件下企业思想政治工作的思路》经世界学术成果研究院专家评审委员会评议，荣获“世界重大学术成果特等奖”，并载入《世界重大学术成果精选》（华人卷）大型理论文献。金黔在线等多家媒体连续转载。

2009年被中国食品工业协会白酒专业委员会聘为第八届中国白酒特邀国家评委。

2009年荣获“当代中国酒界人物”杰出奖。

2009年荣获“中国酒文化遗产保护杰出人物”银奖。

2013年贵州珍酒公司荣获“中国白酒感观质量”奖。

2014年被中国食品工业协会授予“中国白酒工艺大师”荣誉称号。

2014年荣获“2011—2013年度中国食品工业科学技术二等奖”。

2014年荣获“中国食品工业科技创新卓越领导”称号。

2014年荣获“贵州十大品牌人物奖”。

2014年荣获“贵州省优秀企业家”。

2014年被聘为贵州大学食品加工与安全专业硕士研究生兼职导师。

2015年贵州珍酒公司荣获“中国白酒酒体设计”奖。

2015年荣获“贵州食品工业特别贡献”奖。

陈孟强同志在40多年的工作历程中，大胆创新，成绩斐然。20世纪80年代中期茅台酒生产停滞不前，在生产计划受到严重影响的前提下，陈孟强担负起了贵州茅台酒厂扩改建800吨/年投产领导小组组长的重任，指挥800吨/年的投产工作，在继承茅台传统工艺的基础上，对其工艺大胆创新，提出了“不同区域环境对茅台酒生产影响的探索”“茅台酒窖池改造的方案”“茅台酒投料水分的适当应用”“茅台酒用曲比例的合理配制”等课题，经过3年的实践取得了前所未有的成效，创造了茅台酒厂新投产厂房当年实现优质高产的硕果，为“八五”计划新增2000吨创建了工艺、设备、生产等良好的开端，为实现茅台酒生产10000吨夯实了基础。

20世纪末，在企业管理工作方面，陈孟强主持了“人文茅台、有机茅台、绿色茅台”的创新，完成了“环境、绿色、有机”三大体系的认证工作，同时为申报国家质量管理奖的初始文件做出了具体的方案，为获取国家质量管理奖奠定了基础。

五、新的起点

2018 年，茅台酒集团在郑州召开了白金酱香酒升级鉴定会议，陈孟强作为品鉴评委参加了会议，主办方给予陈孟强的评价是:“中国白酒工艺大师，著名白酒专家，高级酿造工程师，国家职业技能指定评委，贵州茅台集团技术开发公司原党委书记兼副董事长。他从事酒业工作近 50 载，曾任茅台集团生产技术处处长，企业管理部主任，为探索中国酱香白酒提高产量，从而实现万吨茅台酒的工艺、设备奠定和夯实了基础。”这是对陈孟强一生奋斗的高度肯定。品鉴会上，他与中国白酒泰斗梁邦昌，白酒专家白希智、张五九、吕云怀，中国酿酒大师赖登燡、李红等同时担任评委，这既是一种认可也是一份难得的荣誉。2016 年 4 月，他本人研发的“陈壹号”酒经吕云怀、张国强等 10 位国家级白酒专家品鉴后，被推选为“优秀创新产品”，有的人甚至把这款产品与茅台酒相提并论，这意味着陈孟强的酿酒功力也达到极致。

他这一生为酒而奋斗，结下了深厚的“酒缘”。

酒道在他心中是那样的沉重，所谓道就是准则、规律，遵道行义是做酒的原则，也是做人的原则。把酱酒做到“独具酱香”是酿酒人追求的目标，而坚持“绿色、健康”的发展理念则是做酒人对社会的承诺。酱香酒因工艺独特，高温发酵、制曲、蒸煮，酿造，贮藏周期长，对人体健康有利而备受青睐。做人也必须是忠于利他的，他这一生就是以利他、利国、利民为原则，以诚实的态度做一个对产品负责、值得信赖的酿酒人。他把对酒的感悟写成一本《酒道：喝酒那些事儿》，这是他一生对酒的感悟（贵州大学白酒与食品学院院长、博士导师邱树毅院长评价陈孟强的话）。陈孟强一生坚守“酒缘”“酒道”，以不负人民养育情为宗旨，潜心研究酿造技术，几十年辛勤耕耘，不断学习，不断创新，为我们树立了榜样。一个酿酒人就是要有敢于担当、敢于创新的精神。陈孟强先生最大的优点就是不断总结反思，不断超越自我，诚实、谦虚、严谨、永不懈怠，成为新时代值得歌颂的酿酒大师。他所著的《酒道：喝酒那些事儿》是他一生的总结，是一本酿酒人必读的好书。

高山伟岸而巍然，大海壮丽而雄浑。陈孟强背负着梦想走出大山，几十年如一日，让理想与智慧握手，执着追求，一生为酿酒而奋斗、拼搏。虽然每前进一步都要克服重重困难，但他不畏艰难，敢于战胜困难，不断探索，一路风雨一路歌，积累了丰富的酿酒经验，体现了人生价值，成为山沟深处飞出的金凤凰，成为赤水河畔的骄子。陈孟强先生几十年如一日，阅读他成长的诗行，不禁使人顿生感佩。一个人能力有大有小，但只要有“世上无难事，只要肯登攀”的精神，就一定能成为高尚的人。我们祝愿陈孟强先生在人生路上，风骨更坚贞，步伐更稳健，继续写下健康人生、阳光人生的壮丽篇章。